科学问题的实践哲学研究

刘　敏　著

东南大学出版社
SOUTHEAST UNIVERSITY PRESS
·南京·

图书在版编目（CIP）数据

科学问题的实践哲学研究 / 刘敏著. — 南京：东南大学出版社，2023.12
ISBN 978-7-5766-1069-7

Ⅰ.①科… Ⅱ.①刘… Ⅲ.①科学哲学－研究 Ⅳ.①N02

中国国家版本馆 CIP 数据核字（2023）第 248260 号

责任编辑：杨　凡 责任校对：韩小亮 封面设计：有品堂 责任印制：周荣虎

科学问题的实践哲学研究

Kexue Wenti de Shijian Zhexue Yanjiu

著　　者	刘　敏
出版发行	东南大学出版社
出 版 人	白云飞
社　　址	南京市四牌楼 2 号（邮编：210096）
经　　销	全国各地新华书店
印　　刷	苏州市古得堡数码印刷有限公司
开　　本	700 mm×1000 mm　1/16
印　　张	16.75
字　　数	260 千字
版　　次	2023 年 12 月第 1 版
印　　次	2023 年 12 月第 1 次印刷
书　　号	ISBN 978-7-5766-1069-7
定　　价	78.00 元

本社图书若有印装质量问题，请直接与营销部联系，电话：025-83791830。

目　录

绪论：为何研究科学问题

"问题"在科学研究中具有灵魂地位。从某种意义上说，一部科学史，就是一部科学问题的生成与进化史，科学问题的提出对科学研究乃至科学史的展开而言具有启动意义。科学史就是在无数个科学问题被提出的启动下，在对无数个科学问题求解的过程中展开的，而科学的历程亦在此过程中被环环相扣地推进着。正如爱因斯坦所说，"提出一个问题往往比解决一个问题更重要"，本书所立足的问题是：在科学实践哲学视角下，科学问题是如何生成和进化的？

一、 为何研究科学问题

20 世纪以来的科学观是一种"理论导向"（theory oriented）的科学观。自 20 世纪二三十年代科学哲学产生以来，从逻辑实证主义到否证论、历史主义，再到科学实在论与反实在论等，都非常注重将科学视为一种理论规范和知识体系。不论是科学家、哲学家，还是科学哲学家，实际上都主张"理论导向"的科学观。所谓理论导向的科学观，主张科学是在已有的成熟理论的导引下向前发展的，即已有的成熟理论是科学发展的根本基础。相应地，"理论导向"的科学观支持的是"理论优位"（theory dominated）的知识观，即主张知识是一个理论表征体系，科学知识是关于自然界知识的命题陈述之网，科学研究的目的在于在既有理论的导引下描述世界图景。进而，由此获得的知识具有普遍性与真理性。正如伊恩·哈金（Ian Hacking）所言，"自然科学史现在几乎总是被写成理论史。科学哲学已经变成了理论哲学，以至于否认存在先于理论的观察或实验"①。在这种理论优位的科学观的影响下，大多数人认为科学即科学知识之理论体系的结合，进而默认科学史就是一部科学的大事年表与科学理论的汇编史。

本书的出发点，首先是对这种"理论导向"的科学观的质疑。这种质疑基于对以下一系列问题的思考：科学研究的起点在哪里？是什么促使了科学研究的起步？在具体的学科领域内，研究一旦启动，是什么在推动研究的进行？究竟应该如何理解"科学是人与自然的对话（普利高津语）"？科学研究是否渗透着个体与群体的主观力量，如科学家本人的信念、信仰、心理等主观因素以及共同体的偶然因素？在科学研究过程中，研究者操作的程序、仪器以及身处的实验环境对研究结果有多大程度的影响？科学问题及科学行动附含政治意义吗？影响科学发展能力的关键因素是什么？

基于对以上问题的思考，笔者发现，传统科学哲学理论导向的科学观，在很大程度上忽视了对"问题"本身的重视以及对实践操作环节的探究。理论导向的科学观遮蔽了"科学问题"的重要性。严格意义上讲，真正推动科学研究的，不是既有的理论传统和已有的知识体系，而是科学实践中不断产生的"问题"。

因而，本书主张从"理论导向"的科学观，转向"问题导向"的科学观。进而呼吁从"理论优位的科学问题观"，转向"实践优位的科学问题观"。

---

① HACKING I. Representing and intervening: introductory topics in the philosophy of natural science [M]. Cambridge: Cambridge University Press, 1983: 149-150.

当立足"问题导向"的视角时，我们无法回避的进一步的思考包括：科学问题生成的起点在哪里？问题层次的跃迁如何推进科学的历程和影响科学进步的方向？哪些因素影响问题的进化？科学问题的进化有没有一般的机制或模式？如何对科学问题进行评价？对科学问题的评价是否掺有权力、政治、道德等因素？

总之，目前科学哲学界对"问题"研究的薄弱现状与问题在科学史上的灵魂地位不匹配。特别是在科学实践视角下，诸如科学问题生成的主体性、问题系统的进化模式、科学问题的情境性与地方性、科学问题的价值蕴含与评价等主题非常值得研究，但传统科学哲学对此甚少问津。

本书缘此立题。

二、 理论优位的科学问题观

回顾 20 世纪科学哲学史，可以厘析出一些对科学问题的论述，这些论述构成了科学问题学研究进路中早期的思想资源。但这时期对科学问题的探讨，总体上是理论优位的。

卡尔·波普尔（Karl R. Popper）在其"科学发现的逻辑"理论中，提出了科学理论成长的四段式，即 $P_1 \rightarrow TT \rightarrow EE \rightarrow P_2$（problem，tentative theory，erasing error，new problem），"P"代表问题，"TT"代表"试探性理论"，而"EE"则代表"（尝试）排除错误"，[①] P_1、P_2 分别表示旧问题和新问题。波普尔研究并明确肯定了问题在知识增长中的作用，他强调，"科学和知识的增长永远始于问题、终于问题——愈来愈深化的问题，愈来愈能启发新问题的问题"[②]。波普尔证伪主义科学观的理论模

---

① 波普尔. 客观知识：一个进化论的研究 ［M］. 舒炜光，卓如飞，周柏乔，等译. 上海：上海译文出版社，2015：321.

② 波普尔. 猜想与反驳：科学知识的增长 ［M］. 傅季重，纪树立，周昌忠，等译. 上海：上海译文出版社，1986：318.

型强调了科学问题在科学研究中的动力作用,科学理论是在不断地对科学问题提出猜想、发现错误而遭到否证、再提出新的问题猜想,在"猜想→证伪→猜想"循环往复的过程中向前发展的。

伊姆雷·拉卡托斯(Imre Lakatos)批判波普尔将"理论"与"理论体系"混为一谈的做法,认为科学并非孤立的理论,而是由硬核(hard core)、保护带(protective belt)、启示法(heuristics)组成的理论体系,即科学研究纲领(scientific research programmes)。这套纲领包括由基本假设和基本原理作为核心部分的硬核、可反驳的外围弹性地带的保护带,以及形成纲领方法论的启示法所组成。拉卡托斯认为,科学发展就是进步的科学研究纲领取代退步的科学研究纲领的过程。其中,问题转换是评判科学研究纲领进步与否的标准:如果一个新的科学理论相较于旧的理论预见了新的经验事实,那么就称前者为理论上进步的(或"构成了理论上进步的问题转换");如果某些新预见的经验事实被证实,那么就称之为经验上进步的(或"构成了经验上进步的问题转换")。因此,"如果一个问题转换在理论上和经验上都是进步的,我们便称它为进步的,否则便称它为退化的"①。拉卡托斯强调将旧问题的解决与新颖问题的提出之间的转换作为衡量科学研究纲领的进步性的标准,认为科学是在问题转换的过程中向前发展的。

拉里·劳丹(Larry Laudan)更加关注解决问题对于科学进步的推动作用。劳丹提出以解决问题为核心的科学进步模型,将问题分为经验问题和概念问题。经验问题包括:未解决的问题、已解决的问题、反常问题;概念问题是依附于理论所显示出来的问题,包括理论内部不一致产生的内部概念问题与不同

① 拉卡托斯.科学研究纲领方法论[M].兰征,译.上海:上海译文出版社,2016:37.

理论冲突导致的外部概念问题。劳丹认为，"一个理论的总解题有效性可由对该理论所解决的经验问题的数目和重要性以及由此理论生成的反常问题和概念问题的数目和重要性的估算来确定。……当且仅当任何领域的前后相随的科学理论表现为不断增长的解题有效性时，才会发生科学进步"①。即科学进步发生在科学理论解决最大数目的经验问题和产生最小数目的反常问题上。另外，理论的总解题有效性有赖于我们对理论的理解。劳丹提出的"研究传统"（research tradition）对于科学具有理性重建的意义。他认为："一个研究传统是关于一个研究领域中的实体和过程以及关于该领域中用来研究问题和构作理论的合适方法的一组总的假定。"② 研究传统对所要解决的经验问题和概念问题具有定向作用，对自身领域所能导出的理论具有否定性的限制作用，对具体理论的构架起到关键性的建构作用，并使得理论合理化或为理论提供辩护。因此，在劳丹的研究传统视角下，科学进步的合理性标志主要取决于新理论解决科学问题的效力，科学进步的标志在于后继理论比先前理论具有更好的解决问题的能力。

波普尔、拉卡托斯和劳丹三者的科学问题观有一定的一致性。一方面，他们眼中的科学问题依赖于系统性、总体性的科学理论作为先在预设。或者说，问题探究赖以进行的背景是一个理论系统，科学问题是科学理论的附着物。通常认为科学问题的产生主要来源于科学理论内部的矛盾、不同理论间的矛盾、理论与经验事实的矛盾等，科学研究就是解决理论系统中存在的矛盾和疏忽。这些矛盾和疏忽，被视为科学发展中的问题。在他们的问题观中，科学问题的猜想和验证、问题转换或问题解决效力对理论都极其

① 劳丹．进步及其问题［M］．刘新民，译．北京：华夏出版社，1990：65‒66.
② 劳丹．进步及其问题［M］．刘新民，译．北京：华夏出版社，1990：78.

重要，标志着科学事业的进步与否。另一方面，拉卡托斯的科学研究纲领和劳丹的研究传统预设了科学家持有一组本体论或方法论的信念之网，它们决定了科学家视野中能够出现何种科学问题，规定了科学家采取何种方式解决科学问题。

因此，波普尔等人的科学问题观被视为理论优位的科学问题观。这种科学问题观是表征主义的，认为科学问题存在于表征的"世界3"（world 3，客观知识的世界），我们只能对问题做规范性评估。因此，传统科学问题观的困境在于我们如何从表征的问题世界通达被表征的世界本身。

三、 走向实践优位的科学问题观

理论优位的科学问题观存在内在的困境，这亦是本书引入科学实践哲学的视角来研究科学问题的原因。

一方面，波普尔等人对科学问题的规范性评估需要预设一个总体性、系统性的理论之网。科学实践哲学的代表人物约瑟夫·劳斯（Joseph Rouse）站在实践的角度，通过对历史主义及新经验主义等的研究反驳了理论优位的科学观。首先，劳斯认为，托马斯·库恩（Thomas Samuel Kuhn）的"范式"（paradigm）是解难题的范例，科学共同体并非将普遍的、抽象的理论运用到特殊情境中，理论实际上植根于典型问题的标准的、范例性的解决方案中，科学共同体在对这些解决方案的理解中习得理论内容，并在对其他案例的解决中对典型案例做出相应的修改。"理论与其说是可以演绎地推导出应用的语句系统，毋宁说是通过类比可以得到拓展的一组具有松散联系的模型"[①]。其次，劳斯认为，南希·卡特赖特（Nancy Cartwright）在库恩观点的基

① 劳斯. 知识与权力：走向科学的政治哲学 ［M］. 盛晓明，邱慧，孟强，译. 北京：北京大学出版社，2004：88.

础上，补充说明了解难题的模型数量应该是有限的；而且，理论模型应当远离实际情境，否则会降低说明效力。最后，劳斯认为，哈金在对科学所运用的理论性原理的类型方面应更进一步，"理论提供给我们的不是'世界图景'，而是范围广泛的表象和操作"①。因此，科学理论并非总体性的理论系统，而是解难题的模型或范围广泛的表象和操作，科学理论内部与外部的冲突、理论与事实的冲突并非总是令人生厌的，这些冲突未必总能构成科学问题。

另一方面，波普尔等人对问题的评估是独立于情境的，这种规范性评估往往不符合实际的科学研究。在具体的科学研究中，对科学问题的评估是受制于特定的地方性情境的，"对未解决的问题的确定，要与实践性地决定哪些问题值得动用现有的资源加以研究分别开来"②。后一种评估被称为实践性评估。劳斯以研究机会的概念打破了规范性评估和实践性评估的区分。研究机会是在对地方性资源、目标、研究标准和技巧的考量下决定哪些科学问题值得实践。因此，并非所有的理论上产生的科学问题都构成研究机会。那些出于何种考量下都不值得实践的科学问题，不会出现在我们的当前研究中。

科学实践哲学反对理论优位的表征主义的科学问题观，主张将科学问题理解为实践性的介入活动：科学问题不仅是我们所要表征的知识表象，而且是操作、介入科学研究的方式，"我们不是以主体表象的方式来认识世界，而是作为行动者来把握、领悟我们借以发现自身的可能性"③。在科学实践哲学视阈下，

① 劳斯. 知识与权力：走向科学的政治哲学［M］. 盛晓明，邱慧，孟强，译. 北京：北京大学出版社，2004：91.
② 劳斯. 知识与权力：走向科学的政治哲学［M］. 盛晓明，邱慧，孟强，译. 北京：北京大学出版社，2004：93.
③ 劳斯. 知识与权力：走向科学的政治哲学［M］. 盛晓明，邱慧，孟强，译. 北京：北京大学出版社，2004：25.

通达世界的问题已不复存在，因为我们本身已经在对科学问题的机会性实践中参与了世界，世界就是我们在实践中呈现出来的东西。

另外，本书也在科学实践哲学视角下，以 LIGO 引力波探测问题为例探究了引力波问题的起源与突破。在传统理论优位的科学问题观下，爱因斯坦广义相对论是已被大量经验事实验证的系统性的科学理论，它为我们描绘了一幅不同于牛顿宇宙的新的世界图景。广义相对论的最后一块未完成的拼图——引力波问题，即来自爱因斯坦广义相对论对引力波存在的科学预测与未被观测到的引力波之间的矛盾，这种不相容性长久以来吸引着全世界各地的科学共同体对其进行实验探测。然而，在实践优位的科学问题观下，广义相对论是牛顿宇宙崩塌之后新的解难题的范例模型，科学家在解难题的活动中相应地对广义相对论进行修改和拓展。本书第五章在实践维度下探讨科学问题的地方性特质，其中对引力波问题的实践性评估中的实践性、地方性特质做了问题学的分析。引力波问题的研究有一定的机会性特质。我们在对引力波问题的机会性实践中参与了世界，在证实引力波的同时加深了我们对世界的理解。

因此，只有将理论优位的科学问题观转变为实践优位的科学问题观时，我们才能对科学问题做更加深入的思考。

四、 从哪些视角研究科学问题？

（一）主要视角

1. 科学家与哲学家对问题重要性的关注

阿尔伯特·爱因斯坦（Albert Einstein）在与利奥波德·英

费尔德（Leopold Infeld）合著的《物理学的进化》一书中指出："提出一个问题往往比解决一个问题更重要。"① 物理学家沃纳·海森伯（Werner Heisenberg）明确表示："提出正确的问题往往等于解决了问题的大半。"② 随着科学问题的不断深入，更深层的科学研究得以展开，科学因此进步。数学家大卫·希尔伯特（David Hilbert）认为："只要一门科学分支能提出大量的问题，它就充满生命力；而问题的缺乏则预示着独立发展的衰亡和终止。"③

波普尔旗帜鲜明地表达了对科学问题的重视。波普尔强调"科学从问题开始（而不是从观察或理论开始，虽然问题的'背景'无疑会包括理论和神话）"④。波普尔认为，是问题在推动研究的进展，进而推动科学的进步。在《走向进化的认识论》中，波普尔指出："在科学水平上，试探性采用一个新猜想或新理论可能会解决一两个问题。但是它总要引发许多新的问题，因为一种新的革命性理论的作用正如一种新的、有效力的感觉器官。如果这个进步是有意义的，那么新问题的深度就根本不同于旧问题。"⑤ 精致证伪主义者拉卡托斯认为："一个成功的研究纲领，总是蕴含着大量需要解决的疑难问题及回答的技术问题。"⑥ 历史主义学派的库恩在《科学革命的结构》一书中虽然

---

① 爱因斯坦，英费尔德. 物理学的进化［M］. 周肇威，译. 上海：上海科学技术出版社，1962：59.

② 海森伯. 物理学和哲学：现代科学中的革命［M］. 范岱年，译. 北京：商务印书馆，1981：7.

③ 瑞德. 希尔伯特：数学世界的亚历山大［M］. 袁向东，李文林，译. 上海：上海科学技术出版社，1982：86.

④ 波普尔. 客观知识：一个进化论的研究［M］. 舒炜光，卓如飞，周柏乔，等译. 上海：上海译文出版社，1987：191.

⑤ 波普尔. 走向进化的认识论［M］. 李本正，范景中，译. 杭州：中国美术学院出版社，2001：165.

⑥ 拉卡托斯. 数学、科学和认识论：哲学论文（第2卷）［M］. 林夏水，范迪群，范建年，等译. 北京：商务印书馆，1993：177.

多次在不同的地方、以不同的意义提到并使用"范式"的概念，但他在序言中对范式进行了这样的描述，"范式是指那些被公认的科学成就，它们能在一段时间里为实践共同体提供典型的问题和问题的解答"①。"范式的存在决定了什么样的问题有待解决。"② 在库恩看来，范式决定了科学研究的问题域与解答域。劳丹明确表示："科学的本质实际上就是一种解题活动。"③ 劳丹在"研究传统"这一背景理论的支持下，对问题本身进行细致的划分，因而对科学进步模式的描述直接深入到问题内部，提出"科学进步的标志之一就是把未解决的问题和反常问题转化为已解决的问题"④。问题是科学思维的焦点，理论是科学思维的结晶，解题能力的不断提高就会促进科学的不断进步。达德利·夏佩尔（Dudley Shapere）的"域"（domain）的概念可以粗略地定义为以问题为核心的整个相关信息群。"应该把科学探索（尤其是把域的项、问题和技巧的演化系列）作为一种科学场或领域来探讨。这种处理方式不仅指涉域，而且还指涉域的问题，以及在这个域内人们解决问题时将试图运用的具体方法"⑤。但是，夏佩尔同时认为，"要使由相关项构成的领域成为研究的领域，必须要对这个领域产生问题，要有我们对它的理解还不充分的地方"⑥。可见，夏佩尔与波普尔的观点具有一致性，即问题对于科学而言，具有动力学意义。

---

① 库恩. 科学革命的结构［M］. 金吾伦，胡新和，译. 北京：北京大学出版社，2003：4.

② 库恩. 科学革命的结构［M］. 金吾伦，胡新和，译. 北京：北京大学出版社，2003：24 - 25.

③ 劳丹. 进步及其问题［M］. 刘新民，译. 北京：华夏出版社，1990：11.

④ LAUDAN L. Progress and its problems：toward a theory of scientific growth［M］. Berkeley：University of California Press，1977：18.

⑤ 夏佩尔. 理由与求知：科学哲学研究文集［M］. 褚平，周文彰，译. 上海：上海译文出版社，1990：349.

⑥ 夏佩尔. 理由与求知：科学哲学研究文集［M］. 褚平，周文彰，译. 上海：上海译文出版社，1990：302.

科学研究始于问题，问题启动科学研究，问题推动科学进步。这也是科学家们和哲学家们如此重视科学问题的原因所在。然而，科学家与哲学家虽然都意识到了科学问题的重要性，但是"问题学"角度的研究尚颇为薄弱。

2. 问题学视角

科学问题学是一门关于"问题研究"的科学哲学分支。1987 年在莫斯科召开的第八届国际逻辑、方法论和科学哲学大会上有学者敏锐地提出应建立问题学（problemology)①。国内外诸多学者也对问题本质及问题学内涵做过探讨。迈克尔·波兰尼（M. Polanyi）认为，一个问题就是一个智力上的愿望②；斯蒂芬·图尔敏（S. Toulmin）认为，科学问题＝解释的理想－目前的能力③；希尔伯特（D. Hilbert）指出，一门科学中问题的缺乏预示着这门科学独立发展的衰亡和终止；吉恩·阿格雷（Gene P. Agre）曾在《问题的概念》一文中较为详细地论述了问题的一个概念网络。他从社会学的角度考察问题的本质，提出了"意识""不理想性""困难""可解性"几个概念，通过这几个概念来揭示问题的特征，从而试图为问题做一个描述性的定义。阿雷格认为，问题首先是一种意识，不理想性是问题存在的一个判断标准；若判断一个问题存在，就要有困难因素在其中；没有困难大到不可解的问题，问题是具有可解性的，否则就不是问题。④ 事实上，不同学科围绕对问题定义的讨论，本身就构成了"问题学"或"问题哲学"的重要组成部分。

① 林定夷. 科学问题与科学目标［J］. 中国社会科学，1991（5）：29 - 38.

② POLANYI M. Problem solving［J］. British Journal for the Philosophy of Science，1957，8（30）：89 - 103.

③ TOULMIN S. Human Understanding［M］. Princeton：Princeton University Press，1972.

④ AGRE G P. The concept of problem［J］. Educational Studies，1982，13（2）：121 - 142.

20 世纪 80 年代以来，国内有不少学者在不同场合或研究中提及和倡导推进"问题哲学"的研究，其中中山大学林定夷教授尤为先锋派。林定夷先生的问题学专著《问题与科学研究——问题学之探究》深入探讨了科学问题的定义、结构与评价等问题，是国内研究问题学较早且最具启发性的一本专著。林先生曾在《哲学研究》上发表的《科学中问题的结构与问题逻辑》中，把科学问题定义为"目标状态与当前状态的差"①。这一定义被学界普遍认可。国内学者在不同场景下开始提出和问题哲学有关的研究，同时对"问题"及"问题求解"进行了深入探讨。魏发辰提出建立"问题哲学"或"问题论"的想法。马雷指导的问题学小组陆续发表了探讨问题本质及问题语句逻辑的系列著述。2017 年 8 月在南京大学召开的第十八届全国科学哲学学术会议上，马雷教授做了题为《中国"问题哲学"研究及其未来》的大会报告，对国内"问题哲学"研究历史、现状做了全面梳理，并对"问题哲学"的未来做了展望，指出当时对问题哲学的探讨是存在的，但是"问题哲学"（philosophy of problem）这种提法在国际上还没有。

各学科领域对"问题"本身的研究越来越热。如随着 AI 研究的极速发展，人工智能与认知科学领域的研究也愈来愈关注于把问题求解看作是人工智能的核心课题。此点文献繁多，不一一赘述。

3. 生成论视角

生成论是本研究采用的重要认识论基础。本书拟以生成论的视角，动态地揭示科学问题的生成、生长与进化过程。笔者认为，"生成"的英文 generate，含有 emergence（突现、涌现）

---

① 林定夷. 科学中问题的结构与问题逻辑［J］. 哲学研究，1988（5）：32 - 38.

及 create（创造）之意。生成论作为一种世界观和认识论，其对立面是构成论，其本质上是整体论。在系统科学的芒德勃罗（Benoit B. Mandelbrot）、洛伦兹（Edward Lorenz）时代，生成观念逐渐脱颖而出；圣塔菲研究所（Santa Fe Institute，SFI）的约翰·霍兰德（John Holland）从"涌现"的角度研究复杂系统的演化机制，为生成论思想的具体化做了理论准备。国内在系统科学领域最早提出生成论观点的有董光璧、金吾伦①和李曙华②等。生成论之于构成论是一种超越，生成论转向是一场认识论的革命，正如库恩所说，在科学家的世界里，革命之前的鸭子在革命之后变成了兔子③。

在对科学实践以及对科学问题进化的研究上，生成论是一个非常好的视角。此视角有助于我们揭示问题推进的机制与路径。无论是理论的更替还是知识的更新，事实上更是一个与情境不断作用、因而自身也是不断生成的过程。关于生成论视角及其机制，本书将在第四章做重点论述。

4. 科学实践哲学视角

科学实践哲学（philosophy of scientific practices），是 20 世纪 80—90 年代在西方兴起的，将欧陆解释学传统与英美分析哲学传统相结合的科学哲学。科学实践哲学主张从理论优位的科学观转向实践优位的科学观。

科学实践哲学有三个主要进路：以劳斯为代表的解释学进路，以哈金等为代表的新实验主义进路，以及认知科学进路。科学实践哲学认为，科学除了概念框架与知识形态，更重要的

---

① 金吾伦. 知识生成论［J］. 中国社会科学院研究生院学报，2003（2）：48-54.
② 李曙华. 中华科学的基本模型与体系［J］. 哲学研究，2002（3）：19-26.
③ 库恩. 科学革命的结构［M］. 张卜天，译. 北京：北京大学出版社，2022：166.

是一种实践活动。它反对理论优位，反对表征主义，强调知识的情境性、地方性，以及科学知识与权力的内生关系。总之，科学实践哲学更重视和强调实验环境、实践情境以及实验仪器，甚至实验操作者的心理等因素对科学的影响。

在科学实践哲学视角下研究科学问题，有利于我们探究科学问题生成的主体性、复杂网络性、情境性，以及在具体的科学实践与实验的情境下问题对科学进程以及科学史的实践性影响。

综上所述，国际与国内学界均已注意到科学问题学的重要意义。但目前在以下方面的研究尚较欠缺：

（1）科学问题生成的主体性与复杂性。科学研究起源于问题，但是问题本身起源于哪里？何以从问题意识（problem）生成问题语句（question）？

（2）科学问题不是孤军奋战，往往是以复杂网络的形式"团体作战"。那么，"问题系统"何以生成并如何以"团体"的形式进化的？

（3）科学问题是客观而普遍的吗？科学问题的生成和有效性具有地方性（local）特质吗？

（4）科学问题具有权力意义与政治品格吗？问题如何具有价值蕴含，又应当如何评价问题的价值呢？

总之，本书拟从科学实践哲学视角，在具体的科学实践和科学行动中分析科学问题的生成与进化机制，科学问题所表现出来的地方性、权力意义、价值如何生成，以及这些因素对科学进程的深刻影响。

（二）主要研究内容

本书主要基于生成论与科学实践哲学两个视角，围绕科学问题的生成、发展、进化、实践、价值、评价的逻辑展开。一方面，在生成论视角下，纵向探讨科学问题的生成进化机制，力图还原科学史的生动性、复杂性与连贯性；另一方面，在科学实践哲学视角下，横向探讨科学问题的实践特质与文化特质，分析科学实践哲学视阈下的科学观的内涵。本书各章节的具体内容如下：

第一章，主题是"科学哲学史中问题观的流变"。科学哲学思想史的演变过程，事实上蕴含了科学问题观的流变路径，但是这一点一直未被学界所关注和揭示。本章所做的工作即厘析科学哲学思想史中不同学派对科学、问题以及科学与问题的关系的观点。本章重点梳理了科学哲学史上，从波普尔到普特南（Hilary Whitehall Putnam）的问题观的变迁。波普尔认为，科学是问题的循环与深化，科学是在永不停歇的问题循环中前进的。拉卡托斯认为，科学是进步问题的转换，是问题的转换推动了科学的进步。库恩认为，在一定意义上，范式本身确定了某个学科的问题域与应答域，而科学共同体则使科学问题具有不可避免的主体性。劳丹认为科学本身是一种解题活动，绝大多数科学家是在解难题中度过自己的职业生涯的。普特南则站在实在论的立场对科学进行了切近自然和实践的分析，从中挖掘出科学问题的实在性。本章以问题观为切入点反观科学哲学史，厘析出问题观的变迁路径。此亦为本书的重要原创性工作之一。

第二章，主题是"科学问题观：从表征到介入"。笔者认为，从传统实证主义科学哲学到科学实践哲学，科学问题观经历了从"表征"到"介入"的变迁。本章的任务是提出并尝试回答如下问题：表征主义（representationalism）的科学问题观是什么？它何以是表征主义的？表征主义问题观的局限和危机在哪里？我们对科学问题的理解为什么应从表征转向实践？

第三章，主题是"科学实践哲学视阈下问题的介入性"。本章承接上章，进入对问题介入性特征的探究，分析如何在文化变迁中理解科学问题，揭示科学问题与事实的互释与互构。在科学实践哲学视角下，科学研究的过程是一个通过具体的操作（operate）、介入（intervene）以及涉入（engage）来干预世界的过程。科学实践哲学主张知识的本性是地方性（local）的。本书认为，科学问题亦具有地方性特质，因为每一个科学问题都来自并依托特定的实验室、特定的研究方案、特定的地方性共同体、特定的研究技能、特定的工具等。科学实践哲学较之传统的理论优位的科学哲学而言，最主要的特征是关注情境对科学问题及科学行动的影响，在不同的时空环境、不同的文化背景中生成的科学问题是有明显的地方性特质的。

第四章，主题是"生成论视阈下科学问题的生成与进化"。本章在生成论视阈下讨论并主张：科学问题的产生渠道和进化模式显示出超循环特征，这一点与第一章波普尔的观点有相似之处。这里所谓科学问题的循环是生长着的、充满层次跃迁的、嵌套着循环的循环，即超循环。以超循环理论为分析框架，本章揭示出在生成论视阈下问题发展的几个阶段：问题的反应循环、问题的催化循环、问题的超循环。从某一学科领域中一个问题意识的产生，到该学科问题系统的形成是一个超循环式的自组织过程，其间充满了问题的自产生、自催化、自复制和自生长。随着问题循环等级的升高，问题超循环的体量不断加大，科学知识的版图也随之扩大。此时，如何保持问题系统的整体性、开放性和生成性，即保持问题的进化能力，这种研究本身对科学哲学及科学史的研究具有重要意义。

第五章，主题是"实践维度下科学问题的地方性特质"。承接第三章科学实践哲学视阈下问题的介入性，本章进一步论述科学问题的地方性。首先，问题的生成与呈现离不开主体性，主体性，亦是地方性的表现之一。科学问题来源于研究者对"困难"的意识，即主体对"谜状态"的感知。问题生成的主体性，主要探究了在问题涌现的起点上主体的困难意识、问题的建构性、主体知识背景，以及科学共同体的主体间性（inter-subjectivity）对问题生成的影响。这部分研究表明，问题（question）是无法自我显现的，而是主体性意识与铭写装置共同建构的。其次，科学问题的地方性特质与实验室空间的地方性密切关联。实验室是科学问题实践的场所，并对科学问题的实践具有地方性情境作用，因而科学问题在其本质上是地方性的。再次，科学问题的地方性表明科学研究始于科学问题的机会性实践，科学问题的深入推动着科学研究的深入，为我们理解科学研究的起点提供了新的思路。

第六章，主题是"科学知识的空间书写与地理叙事"。传统科学史的书写往往存在一个倾向——时间凌驾于空间之上，即将科学史以时间为序进行编写，历史在时间中。那么，是否存在另一个维度，即从空间的角度研究科学史及科学知识的属性，从而表明历史在空间中呢？抑或，从空间角度看科学史，我们能看到什么？本章的讨论暂时跳出"科学问题"，而把视野拓展到科学知识与科学史。一方面，它们原本就是产生科学问题的母体；另一方面，本章承接上章科学问题的地方性，而把地方性具象化为"空间性"来讨论。本章主张，科学知识的生成总是在一定的空间中，其传播也必然经历不同的空间，因此，空间研究应成为科学史（包括科学问题）的重要研究维度。

第七章，主题是"仪器认识论变迁中的问题观转向"。本章考察仪器认识论的变迁，实质上是在试图回答"在科学知识的形成过程中，仪器扮演了怎样的认识论角色"这个问题。科学问题的实践性特质通过各流派哲学家对实践中的仪器进行分析而得以体现，科学问题的实践性正是在这一过程中被塑造和确立。劳斯指出，"科学研究是一种介入性的实践活动，它根植于对专门构建的地方性情境（典型的是实验室）的技能性把握"①，而"技能性把握"既不能缺失实践主体，也不能缺少仪器和工具。通过对仪器认识论视阈下科学哲学史的研究，可以看到其中蕴含的问题观转向反对理论优位的过程。

第八章，主题是"科学问题的评价与价值蕴含"。在本章中，笔者提出本书的一个重要主张，即在科学实践哲学视阈下科学问题蕴含着丰富的权力意义与政治意义；科学问题的生成与解决不仅"重塑"（reshape）着智能主体的知识结构，还把智能活动构造成生产性的。科学问题不断"重塑"着整个世界，使整个世界更具紧密的耦合性和人为的复杂性。另外，本章通过分析杜威的科学观，揭示了其对问题学的启示是：科学问题的生成具有地方性特质，情境和实践判断决定了科学问题最初的提出方式及解答方向，问题的呈现具有重要意义，恰当地表述问题是有效解决问题的必要条件；科学问题的价值负载表现为问题的表述和解答均受文化塑型（shape）与价值观的影响。

最后，本书提出了价值判断能力与科学发展能力的关系。为了建立和维持更为持久和更为广泛的价值，我们必须在具体实践中研究科学问题；同时须认识到，文化塑型与实践判断进一步影响价值的生成，影响科学发展能力。科学的价值内驱影响着对科学问题的解决，而科学发展的能力也必然更普遍地影响价值。

---

① 劳斯. 知识与权力：走向科学的政治哲学［M］. 盛晓明，邱慧，孟强，译. 北京：北京大学出版社，2004：124.

第一章　科学哲学史中问题观的流变

　　诞生于 20 世纪初的科学哲学，作为一门具有很强的跨学科性质的哲学学科，在整个 20 世纪得到非常迅猛的发展。其中，有不少科学哲学家谈及过对科学问题的看法，但是，鲜有学者从问题观的角度系统地厘析科学哲学史的变迁。事实上，在百年科学哲学思想史中，不同流派的科学哲学家对科学、问题以及科学与问题关系的观点有非常大的差异。而分析科学哲学思想史中问题观的流变，对于重新理解科学哲学史本身具有重要意义。本章着重厘析了从波普尔到普特南之问题观的变迁。

第一节　波普尔：科学是问题的循环与深化

　　卡尔·波普尔（Karl Popper）是英国著名的科学哲学家，也是 20 世纪最有影响力的哲学家之一，他的哲学研究几乎涉及人类知识的各个重要领域，一生著作颇丰。1934 年，《科学发现的逻辑》的出版标志着批判理性主义的形成。1945 年，《开放社会及其敌人》出版后在社会学界和政治学界引起轩然大波。此外，波普尔还著有《研究的逻辑》（1933 年）、《猜想与反驳：科

学知识的增长》（1963 年）、《客观知识：一个进化论的研究》
（1972 年）等。波普尔批判了逻辑实证主义的经验证实原则，创
立了以证伪主义为核心的科学观，对科学与非科学的划界问题
做出解答。他重视理性的批判精神，主张科学本身是在试错中
不断前进的；问题不仅是科学研究的起点，还贯穿于科学研究
的始终；科学是从问题到问题的进步过程，旧的问题解决后，
新的问题又会产生，问题促进了理论的产生和科学的发展。波
普尔的科学问题观有别于经验主义传统观点，将问题贯穿于科
学发展的全过程，通过问题深化对科学哲学的认识，促进科学
哲学的进步与发展。

一、 科学研究始于问题

波普尔认为科学研究总是从科学问题开始，旧的问题解决
以后，新的问题又会出现。随着问题的不断解决，科学得以进
一步深化。波普尔指出，"科学只能从问题开始。只有通过'问
题'这个起点，我们才会有意识地坚持一种理论。正是'问题'
才激励我们去学习，去发展我们的知识，去实验、去观察"①。
波普尔认为，只有问题才会激发人们的好奇心和探索新领域的
兴趣，他持一种科学问题起始论的观点，认为科学问题贯穿于
科学研究的始终。

传统经验归纳主义认为"科学始于观察"，尤其是在培根哲
学的影响下，观察和实验的方法受到了广泛的推崇。波普尔认
为将观察视为科学研究的起始点是不正确的："我断言，不是从
观察开始，并总是从问题开始，它们或者是实际问题，或者是

---

① 波普尔．猜想与反驳：科学知识的增长［M］．傅季重，纪树立，周昌忠，
等译．上海：上海译文出版社，1986：318.

已经陷入困难的理论，一旦我们碰到问题，我们就可以研究它。"① 波普尔认为，观察的过程离不开理论的指导，人在观察时发挥出的主观能动性，观察结果的记录和整理等过程都受到理论的影响，所以科学研究并不是从观察开始的，观察结论的得出离不开理论的控制，抛开理论的观察是无意义的。但这并不意味着波普尔赞同"科学研究始于理论"的观点；相反，他认为理论依附于问题的产生。虽然理论在科学研究中发挥的作用不容忽视，但问题才是促使理论研究不断推进、科学不断发展的根本因素。19 世纪开尔文勋爵（Lord Kelvin）发表演说，指出物理学存在着"两朵乌云"，包括阿尔伯特·爱因斯坦在内的许多物理学家都观察到了这个问题。但大多数物理学家在观察后只是企图从当时盛行的牛顿经典物理学理论中寻找答案，无果而终，只有爱因斯坦进行深入的问题性思考，最终促成了相对论理论和量子力学革命。可见，观察在科学研究中具有一定的局限性，盲目诉诸科学理论也很难推动科学的进步。只有不断发现并提出科学问题，尝试引入新的观察资料或新的理论，在推进问题求解的同时产生出更深刻的新问题，才使得科学问题成为科学发展的动力源泉。

二、 作为科学划界标准的可证伪性

　　科学的划界问题是科学哲学领域面临的首要问题，这一问题的思想渊源最早可追溯至古希腊哲学家亚里士多德。在逻辑实证主义时代，科学划界的标准问题有了更清楚的阐述。逻辑实证主义科学观的根本原则是经验证实原则，他们认为科学理论是由有意义的命题组成的，命题或理论只有在经验上能够被证实才是有

---

① 波普尔. 客观知识：一个进化论的研究［M］. 舒炜光，卓如飞，周柏乔，等译. 上海：上海译文出版社，1987：270.

意义的。按照这个标准，形而上学问题或伪科学命题是应该被抛弃的虚假问题。不难看出，经验证实原则实质上是一种主观经验主义的原则，夸大了感性经验的重要作用，忽视了独立于经验之外的事物的内在本质和规律。此外，逻辑实证主义者对于直接证实和间接证实等观点的分歧也是其最终走向衰落的原因。

在批判逻辑实证主义划界标准的基础上，波普尔主张一种证伪主义的科学观，这种科学观把经验的可证伪性作为科学划界的标准。也就是说，科学与非科学的划界不在于理论或命题是否能够通过经验去证实，而在于是否可以为经验所证伪，科学的命题就在于它是可检验和可证伪的，反之则不然。"衡量一种理论的科学性质就在于它们的可证伪性或可反驳性或可检验性"①，波普尔所说的"可证伪性"（falsifiability）是指在逻辑上或事实上存在被证伪的可能，而不是肯定其在逻辑上或事实上已经被证伪，只要理论中有被证伪的可能存在，那么它就是科学的，反之则是非科学的。而科学就是在理论和命题不断被证伪中得以进步的。当科学家为解决某类科学问题而提出某种可证伪的理论时，这些理论会接受严格的批判和检验，直到最终被证伪，接着新的问题又会出现，理论会再次受到检验，即便如此，也不能说这一理论是"真的理论"，而只能承认它比之前的理论更优越，科学正是在这样的认识过程中不断发展的。

与证伪主义相关的就是承认科学知识的"可错性"。波普尔认为，一切知识，除了数学知识和逻辑知识外，特别是科学知识都是可错的，因为科学理论是对科学问题的大胆猜测，科学理论本身就包含着不确定的因素，具有假设和猜测性质；另外，作为科学认知的主体，人也具有一定的主观性，感官、知觉等

---

① 纪树立. 科学知识进化论：波普尔科学哲学选集［M］. 北京：生活·读书·新知三联书店，1987：62.

机能可能给科学发展带来错误的效应影响，所以无论是科学知识还是科学理论都有可能是错误的。因此，波普尔主张科学的根本方法就是"试错法"（method of trial and error），科学本身就是在试错中进步的，要通过运用"试错法"来提高科学知识和科学理论的逼真度。从"试错法"出发，波普尔提倡从错误中学习："因为我们相信，这是我们可以从错误中学习的方法；而且在我们勇于猜测和寻找虚假的道路上，我们将会学到很多关于真理的东西，而且会更接近于真理。"① 在波普尔这里，对真理的追求和错误的累积是不可分割的，解决科学问题的最终目标是为了逼近真理，但是绝对真理是不可知的，人们只能获得比之前理论更丰富、更精确的科学理论。正如波普尔所言："如果我们对问题展开大胆地猜测，那么即使它们可能很快被证明是假的，这也是出自我们的方法论信念：只有通过这样的大胆地猜测，我们才可以期望找到有趣的真理。"②

三、 科学是从问题到问题的进步

在波普尔这里，问题既是科学研究的起点，也是科学活动追求的目标。波普尔从问题概念出发，构造出了以猜想和反驳为核心的证伪主义的科学发展模式，他的科学知识增长模式可以表示为：问题—猜想—反驳—问题，而后他将其公式化为 P_1—TT—EE—P_2。这一图式显示出科学知识的增长是一个动态的模式，P_1 和 P_2 分别代表了旧问题和新问题，TT 是尝试性解决，EE 指排除错误。科学进步从提出问题开始，在此基础上假设性地提出尝试性解决理论，然后通过证伪的方法排除理论中

① 波普尔. 猜想与反驳：科学知识的增长［M］. 傅季重，纪树立，周昌忠，等译. 上海：上海译文出版社，1986：330.
② 波普尔. 猜想与反驳：科学知识的增长［M］. 傅季重，纪树立，周昌忠，等译. 上海：上海译文出版社，1986：330.

的错误，进而提出新的科学问题。科学进步就是从一个旧问题的抛弃到一个新问题的产生的过程。为了更好地说明科学知识增长过程，波普尔在《客观知识：一个进化论的研究》中提出了更复杂的表达方式：

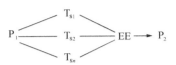

图 1　科学知识的增长模式[①]

在这种表达方式中，波普尔将尝试性解决方案的数量增加了更多，以此表明科学知识的增长在于尝试性解决方案的多样性。值得注意的是，上述两种模式只存在环节上的差别而无本质上的不同，都是将科学研究的实质看作是从问题到问题的不断进步。四个环节突显出科学研究中问题的循环往复，是一个动态的推演过程。"科学和知识的增长永远始于问题，终于问题——愈来愈深化的问题，愈来愈能启发新问题的问题"[②]。科学在问题的提出和解决中进步，而随着科学的进步，问题的深度也在不断增加，也就是说，P_1 和 P_2 之间的深刻性是不同的。波普尔提出以问题的数量、质量和深度等作为评价科学理论进步的标准，他也格外重视科学问题的深度，提出"应当把科学设想为从问题到问题的不断进步——从问题到愈来愈深刻的问题。无论是科学理论，还是解释性理论，这些理论都只是尝试着去解决一个科学问题。也就是去解决一个与发现一种解释有关或有联系的问题"[③]。

---

① 波普尔. 客观知识：一个进化论的研究 [M]. 舒炜光，卓如飞，周柏乔，等译. 上海：上海译文出版社，2005：10.

② 波普尔. 猜想与反驳：科学知识的增长 [M]. 傅季重，纪树立，周昌忠，等译. 上海：上海译文出版社，1986：318.

③ 波普尔. 猜想与反驳：科学知识的增长 [M]. 傅季重，纪树立，周昌忠，等译. 上海：上海译文出版社，1986：317.

在波普尔这里，科学问题中的理性批判精神成为科学知识进步的动力，从问题到问题的知识增长模式突出了理性批判的重要作用，科学既是在问题中进步的，也是在批判中发展的。波普尔提倡一种批判理性主义的思想，他认为"在知识领域中不存在任何不向批判开放的东西"①，也就是说，在科学知识领域，所有的知识都值得通过批判以推动科学的进步。因此，科学家在进行科学研究时，不仅要对别人的理论展开思考和批判，还需要对自己的理论展开自我批判，敢于发现其中的错误。波普尔所说的发现和寻找错误的过程，也就是通过理性批判和自我批判寻求真理的过程。正是在科学批判推动下，科学理论才能不断实现创新。

四、 世界 3 的发展和科学问题的深化相互促进

波普尔把认识论看作是关于科学知识的理论，他按照对象的存在方式将世界分为三个领域：物理对象或物理状态构成"世界 1"（world 1），精神状态或心灵意识构成"世界 2"（world 2），思想的客观内容构成"世界 3"（world 3）。也就是说，"世界 3"是关于客观知识的世界，这种客观世界作为人类创造性思维的凝结，有别于"世界 1"和"世界 2"，与科学研究在互动中相互促进、共同发展。

一方面，科学问题的深化丰富了"世界 3"的知识内容。在科学研究的过程中，科学问题的发现和求解会促使科学家进行猜想和反驳，并尝试性地提出可能的解决理论，而这样一些理论、猜想、反驳等关于理性认知的部分一旦形成，类似的客观知识就构成了波普尔所说的"世界 3"的内容，这是完全不同于"世界

---

① 波珀.科学发现的逻辑［M］.查汝强，邱仁宗，译.北京：科学出版社，1986：16.

2"的思想过程。值得肯定的是，"世界3"中蕴含着理性批判的态度，这成为客观知识变革中不可缺少的力量。所有的知识包括真理都是值得批判和证伪的，知识的增长离不开科学家以猜测性和批判性的态度去对待具有客观属性的知识，正是在对现有知识的证伪中，"世界3"中的客观知识内容得以丰富和完善。

另一方面，"世界3"为科学问题的解决提供客观知识的基础。科学家在解决科学问题时提出的猜想和反驳看似是主观的想法，实则都是以"世界3"的客观知识为基础的。"世界3"的知识既属于人造物，而又具有自主性，并为科学问题的解决提供指导，"它是解决问题的知识导向，也是构建、讨论、评估和批判竞争性投机理论的理论，它由我们的理论，猜想和猜想的逻辑内容组成"①。客观知识在一定程度上制约着人的主观意识，这也就避免了一些可能带有错误和漏洞的理论出现，为科学问题的成功解决增加了更多的可能性。"世界3"将人们认知的客观知识的产生理解为动态的研究过程，使科学问题和科学理论在知识增长的动态循环中进一步深化。科学知识的创新源自新问题的发现和提出，客观知识的发展使得对问题的尝试性解决方案愈发接近科学真理，在知识的动态循环中科学研究的进程得以不断地堆进。

总之，波普尔将问题视为科学研究的起点，反对"科学始于观察""科学始于理论"等观点。科学问题是促使科学理论转化的内在动力，科学理论是对科学问题的尝试性解答。波普尔将可证伪性视为划分科学和非科学的标准，证伪的方法贯穿于他的哲学思想始终。与证伪相关联的就是承认科学知识都是可错的，科学研究只有在经历错误的过程中不断排除错误，

---

① 纪树立. 科学知识进化论：波普尔科学哲学选集［M］. 北京：生活·读书·新知三联书店，1987：312.

才能更加接近真理，这也为科学知识的增长提供保障。波普尔将科学知识的增长过程视为从问题到问题的动态循环，旧问题解决以后，需要解决的新问题又出现了，其中蕴含的理性批判精神为科学知识的进步提供动力。波普尔提出的"世界3"中的客观知识也在一定程度上推动着科学问题的深化和科学理论的发展，促使科学研究的进程愈发逼近真理。值得注意的是，波普尔的科学问题观也存在一定的不足。比如，在解决科学问题的过程中，波普尔过于强调证伪的意义而轻视证实的作用，忽视了二者之间关系的复杂性，而仅仅将其视为逻辑上的不对称。既然除了逻辑和数学知识外，一切都是可错的且可以被证伪的，那么对证伪主义本身进行证伪也无可厚非。此外，虽然科学理论具有尝试性和暂时性特征，但许多科学理论并不能因为一次证伪而被彻底淘汰，这些理论具有在知识系统的调整中重新获得合理性的可能，对被证伪的科学理论的一次性抛弃是对科学理论整体性属性的忽视。波普尔的科学问题观在科学哲学界具有重要的地位和价值，批判地吸收其中的合理内容对于人类认识的进步和科学哲学研究的发展有着重要的意义。

第二节　拉卡托斯：科学是进步问题的转换

伊姆雷·拉卡托斯（Imre Lakatos）是匈牙利科学哲学家，早期他推崇波普尔的学说观点，于是他将波普尔的证伪主义理念运用于自己的数学哲学研究之中，指出在数学中起决定性作用的是反驳而不是猜想。1968年，拉卡托斯发表了学术论文《批判和科学研究纲领方法论》，标志着他从数学哲学研究转向科学哲学研究。他批判地继承了波普尔的"朴素证伪主义"（naive falsificationism），提出了自己的"精致证伪主义"

(sophisticated falsificationism)。这一套科学研究纲领方法论提出了一个科学发展的动态模式，认为科学的基本单位和评价对象不是单个理论，而是理论系列构成的研究纲领，科学的发展也就是研究纲领的成长。具体来看，这种科学发展模式就体现在其问题观上，科学的发展不再只是波普尔所主张的从问题到问题的循环和深化，而是一种进步的问题转换。

一、 问题发展观:从单个理论到理论系列

波普尔把科学发展模式概括为问题发展的四段图式，科学的进步即从旧问题到新问题的产生过程，因而他的问题发展观是比较单一和粗糙的。这一过程中，新旧问题的更替促使新旧理论的变更，但在这里只涉及单个理论的发展，而不是理论系列的发展，他的证伪主义问题观因此也流于简单和绝对。拉卡托斯认识到这一不足，他说:"只有把科学看成研究纲领的战斗场地，而不是单个理论的战斗场地，我们才能解释为什么科学是连续的，为什么有些理论是韧性的。"[①] 但是，他并没有完全否弃波普尔的四段图式，而是在其基础上进行改动和完善，做更为精致化的处理。这样一来，拉卡托斯就提出了自己的问题转换 (problemshift) 理论。

"一个成功的研究纲领，总是蕴含着大量需要解决的疑难问题及回答的技术问题，也正是由于问题转换赋予了研究纲领以某种惊人的韧性"[②]。要理解拉卡托斯的问题转换理论，首先必须了解与其密切相关的"理论系列"，即"研究纲领"（research programmes）这一概念。研究纲领一般指的是那些能够指导某

---

① LAKATOS I. The methodology of scientific research programmes ［M］. Cambridge：Cambridge University Press，1978：87.

② 拉卡托斯. 数学、科学和认识论:哲学论文（第 2 卷）［M］. 林夏水，范迪群，范建年，等译. 北京:商务印书馆，1993：177.

一整个时代的科学研究并且能对人们的思维方式产生深刻影响的范围较大的理论系列，它主要由硬核（hard core）、保护带（protective belt）这两个部分所组成。硬核是整个研究纲领的基础理论部分，其主要组成部分就是理论体系中最重要的概念和定律，与研究纲领一损俱损。例如经典力学的硬核就是牛顿三大定律及万有引力定律。保护带主要指保护硬核不被推翻的一些辅助假说，它们围绕在理论外围，在理论体系遭受质疑和攻击时往往首当其冲而起到一定的缓冲作用。例如，根据万有引力定律测得的地球的质量约为 $5.965×10^{24}$ kg，以及其他行星及其运行的数据都可看作经典力学的保护带。除了这两大组成部分，拉卡托斯的科学研究纲领还具有反面启发法（negative heuristic）和正面启发法（positive heuristic）两种功能性方法论。反面启发法禁止我们把经验反驳的矛头指向硬核，而是把矛头转移到保护带上，要求我们通过修改或增设保护带的假说来保护硬核。正面启发法则与其相反，它由各种积极性的和鼓励性的明示与暗示组成，目的在于鼓励科学家们积极地发展研究纲领，而不是像反面启发法那样旨在消极地保护研究纲领。

可见，"问题转换"主要体现在将外界对某一研究纲领的问题矛头从硬核转移到保护带上，体现在反面启发法的禁令上和正面启发法的发展上。说到底，问题转换就是解决问题，目的就是维护和发展以硬核为核心的整个科学研究纲领。而问题能够得以转换，正是由于拉卡托斯用理论系列的概念取代了理论的概念，没有这一"系列"也就没有"转换"一说。

那么，我们应该如何看待和评价问题的转换呢？这涉及拉卡托斯的科学进步观。实际上，问题转换与研究纲领都存在进步与退化两种状态，评判一个问题转换的进步与退化与评判一个研究纲领的进步与退化是相对应的。拉卡托斯认为，权衡一个科学研究纲领的进步和退化的标准在于其经验内容。进步的研究纲领在经验事实面前能够做出更多的解释和预测，即包含更多的经验内容。反之，退化的研究纲领处于一种"自保状态"，只能借助一些不能独立检验的假说来保护自己，而不再产生新的经验内容。他认为，"我们以问题转换的进步程度，以一系列理论能引导我们发现新事实的程度来衡量进步的"①。拉卡托斯把科学研究纲领的进步做出两种划分，即理论上的进步与经验上的进步。前者指在经过修整"保护带"后，科学研究纲领的理论预见性（主要指逻辑推理的有效性）比调整前更强；后者指这种理论的预见能够得到更多观察与实验的检验。他认为，"如果这些超过前一个理论的经验内容是确实的，即每一个预言不仅在理论上，而且在实际上导致我们发现了新的事实。那么它就不仅在理论上，而且在经验上也是进步的"②。处于进步阶段的研究纲领由于经验内容的增加而更有可能被证伪，这就导致了进步的问题转换，即人们可以解决比先前更多或更有价值的问题。而处于退化阶段的研究纲领由于经验内容的减少而使得其被证伪的可能性也减小了，就导致了退化的问题转换，即人们能解决的问题与原来相比并无内容上增多或价值上的提高。在理论上进步的研究纲领构成了理论上进步的问题转换，在经验上进步的研究纲领构成了经验上进步的问题转换。拉卡托斯认为，一个只在理论上有着进步的问题转换的研究纲领可以视作是进步的研究纲领，而一个在理论上和经验上都做了进步的问题转换的研究纲领才是一个成功的研究纲领。

---

① 拉卡托斯．科学研究纲领方法论［M］．兰征，译．上海：上海译文出版社，2005：23.

② 拉卡托斯．科学研究纲领方法论［M］．兰征，译．上海：上海译文出版社，2005：32.

可见，拉卡托斯的问题转换理论的进步性其实在于他注意到了理论发展和评价的单元不是单个理论，而是整个理论系列。对理论系列的强调成为他与前人研究的主要区别和创新意义所在。他以理论系列为其问题发展观的讨论基点，提出的问题转换理论与其科学进步观密切相关；他以问题解决所获取的理论系列引导发现新颖事实的程度来衡量进步，认为只有进步的问题转换才能引起科学的进步。

二、 问题合法性：历时性变化与相对性标准

拉卡托斯以理论系列为基点的问题发展观向我们展示了科学发展进步的全新图景，在这一过程中，问题的转换决定着科学的进步。这种问题发展过程中，问题的新生旧灭实际上就意味着问题合法性的变化与更替。那么拉卡托斯的学说如何评判一个问题的合法性？他关于问题合法性的阐释与前人的理论有何不同？其中是否又说明了拉卡托斯问题观的何种不足或意义？我们将在下文得出答案。

波普尔问题发展的四段图示体现的是问题发展的合法性的一种即时性变化：科学之门由问题开启，人们为了解决问题便提出了各种尝试性理论，而这些尝试性理论若想"转正"，必须经过证伪环节的考察，即排除错误的过程，被证伪后的理论又产生了新的问题，如此循环往复。从这样一种问题发展的过程中我们可以发现，理论一经证伪，原来的问题就会失去合法性，并且同时又会产生新的合法问题。可见，波普尔的合法问题的产生和发展其实是一种经证伪环节后的突现式的增生。而拉卡托斯的问题的合法性与研究纲领的不变的硬核和可变的保护带相关联，问题的合法性发展与研究纲领的状态一样有着进步和退步之分。由于理论不再是单一的而是系统的，一系列理论中

的单个理论经过证伪后，并不会造成理论系列的完全崩塌，问题合法与否的争论也就得到了缓冲，需要经过长期的、多个理论证伪的考察才能逐渐确定下来。可见，在拉卡托斯这里，合法问题的产生是一种经证伪环节后演变式的发展。因此，拉卡托斯的问题转换理论实际上已经描述了问题合法性的一种历时性变化。

拉卡托斯的问题转换理论不仅对问题发展的合法性做出了一种历时性变化的描述，同时还试图对问题本身的合法性做出说明。拉卡托斯认为，一个问题如果与某个研究纲领的硬核不一致甚至相冲突，或者它在研究纲领中长期无法得到解决，那么这个问题对此研究纲领而言就是不合法的、无价值的；而那些与研究纲领的硬核和保护带相协调的且其解决有利于纲领进步的问题就是合法问题。不合法的问题是被研究纲领所排斥和回避的，因为它们披露了研究纲领的缺陷与无能。而对于合法问题，研究纲领的启发法功能已经给出了应对建议：当一个研究纲领遇到合法的反常问题，即一个研究纲领暂时无法解决的问题时，反面启发法要求禁止把反常问题的矛头指向纲领的硬核，正面启发法则鼓励科学家在研究纲领的进步阶段悬置反常问题，而集中精力发展研究纲领本身，在研究纲领的退化阶段则要求积极调整保护带来消除反常。

可见，在问题的悬置或解决过程中，问题本身合法与否也不是能即时判断的，处于不同时期和不同解决程度的问题有着不同的合法性地位，具有不同程度的合法性，这意味着问题的合法性标准已不再是绝对的，而是变成了相对的。因为，反常问题的合法性实际上可以看作是由问题解决的程度决定的，当反常问题处在纲领进步阶段的被悬置状态或纲领退化阶段的被调整处理状态时，都可以看作是合法的；而当它处在退化的纲领中长期得不到解决时，又可以看作是非法的。这种合法性标准的界限因此被模糊化处理了。所以，"在同一个研究纲领中，同一个问题的合法性地位可能处在变动之中"①。如果把一个问题的合法性寄予问题是否能得到解决上，那么如何提出一个合法的问题将成为另一个问题，这是反逻辑性的，也使得对问题的评判具有滞后性。因为在问题没有解决前，我们根本无法区分问题是进步的还是退步的。

综上所述，拉卡托斯继续坚持了波普尔"科学始于问题"的观点，他的问题学说进一步精致化发展了波普尔的否证主义问题观，更加细致地描述了科学理论作为一个系列整体的复杂性和可变性。他在问题转换理论中强调对硬核的坚守和对保护带的调整，这实际上也已经无意间引入了"问题主体"，即"科学共同体"，从而扭转了以往对问题合法性考察的绝对化倾向。可见，主体问题的引入在拉卡托斯这里已经有迹可循。但这种强调也一定程度上导致他对问题合法性标准的模糊处理，他最终还是无法在问题的提出和解决上给出明确解释。总之，科学问题观到了拉卡托斯这里已经较前人更加丰富和充实，后续的研究者又会做出何种突破呢？

第三节　库恩：科学问题的主体性

20 世纪 60 年代，西方科学哲学界经历了一次重大转折，而托马斯·库恩（Thomas S. Kuhn）正是促成这次转折的关键人物之一。库恩是美国著名科学史家、科学哲学家，科学哲学历史主义流派的创始人。1962 年，其著作《科学革命的结构》（下文简称《结构》）横空出世，被誉为 20 世纪科学哲学中最重

---

① 马雷. 论"问题导向"的科学哲学［J］. 哲学研究，2017（3）：118 - 126.

要、最有创造性和影响力的著作之一。书中提出了一种历史主义的科学观，大胆引入了非理性因素和相对主义色彩，抹杀了传统认知中的代表着客观真理的科学形象。正是从对科学史的精深研究出发，库恩以一种历史的动态的角度对以往的逻辑经验主义、证伪主义等学说进行批判，指出科学的发展不是确定知识的线性累积，而是由常规时期与革命时期交替展开，科学革命就是范式转换的过程。库恩的核心思想离不开"范式"（paradigm）与"科学共同体"（community of science），其问题观也正是围绕这两大话题展开的，其中蕴含的最本质精神便是对科学问题的主体性的高扬。

一、 范式：科学研究的问题域与应答域

"范式"一词虽不是由库恩首创，却是由库恩赋予其"第二次生命"的，从此，范式成为当代科学哲学的重要概念，并对其他多门学科产生了重要影响。库恩指出，常规科学建基于某个科学共同体所认可的已有的科学成就，这类成就空前瞩目，能够吸引一批坚定的追随者，同时这些成就还留有许多问题有待科学共同体去解决。库恩在《结构》一书中写道："凡是具有这两个特征的成就，我此后便称之为'范式'。"① 范式实际上可以看作是一种理论体系，由假说和准则等各个组成部分有机结合而成，能够"在一段时间里为实践共同体提供典型的问题和解答"②。此外，更重要的一点是，这种范式已经基本获得了科学家们的认可，这意味着范式在一定程度上还具有社会性和主体性。由此可见，范式既可以看作是一种理论体系，又可以看作是一种

① KUHN T S. The structure of scientific revolutions ［M］. 4th ed. Chicago：The University of Chicago Press，2012：11.

② 库恩. 科学革命的结构 ［M］. 金吾伦，胡新和，译. 北京：北京大学出版社，2003：4.

信念。也正如库恩后来所总结的，在狭义上范式可概括为"专业母体"（disciplinary matrix），包括符号概括、共同体共同承诺的信念、共有价值、共有的解题范例这四个构成部分。

以上库恩对范式的定义中实际上已经蕴含了范式与科学问题之间的一层关系——成为范式本身离不开科学问题的存在。这与库恩对科学与问题关系的看法有关。库恩站在历史主义的角度批判证伪主义犯了逻辑主义的错误，不符合科学史，但唯独没有质疑过"科学始于问题"这一观点。库恩认为，问题是科学活动的起点，也是贯穿于整个科学活动过程之中的参与者和推动者。范式作为科学的基质和坐标，同样与科学问题息息相关、命运相连。

"科学共同体获得一个范式就有了一个选择问题的标准，当范式被视为理所当然时，这些被选择的问题可以被认为是有解的问题。在很大程度上，只有对这些问题，科学共同体才承认是科学的问题，才会鼓励它的成员去研究它们。别的问题，包括许多先前被认为是标准的问题，都将作为形而上学问题，作为其他学科关心的问题，或有时作为因太成问题而不值得花费时间去研究的问题而被拒斥。"① 在库恩这里，一方面范式是科学的问题域，它规定了问题的选择范围，只有范式主导下的问题才具有合法性，才会被共同体所认可进而作进一步研究和解答；而那些不能用范式所提供的概念、工具等解答的问题将会被排除在共同体的选择范围之外而成为不合法问题，这类非法问题包括形而上学问题、其他学科的问题，以及在范式内长期未能解决的问题。例如，对于生物学这个学科范式而言，"时空是什么"这样的物理学问题就可能被视为不合法的问题而排除

① 库恩. 科学革命的结构 [M]. 金吾伦，胡新和，译. 北京：北京大学出版社，2003：34.

在研究范围之外。在经典力学范式中，粒子的速度和位置问题可以通过测量来准确地确定，而在量子力学中，"不确定性原理"告诉我们不能同时准确地知道粒子的位置和速度，因而同时确定一个粒子的位置和速度对前者来说就是合法的，对后者来说是不合法的。另一方面，范式还是科学问题的应答域，它为问题的解决提供了共有范例，也给问题的解法划定了可行性界限。这里的"范例"是范式的涵义之一，主要指公认的"定律、理论、应用和仪器"①，它们一起"为特定的连贯的科学研究的传统提供模型"②。例如，经典力学范式中的牛顿三大定律在描述宏观物体运动时非常准确，但若运用于量子力学范式中来描述微观世界时，其准确性则大大减弱，或者说基本失效。

库恩以范式理论定下了他的问题观基调，如果说问题的合法性在拉卡托斯那里与研究纲领中不变的硬核和可变的保护带相连，在库恩这里则与专业母体即科学共同体的主体性相关。范式与问题紧密相连，决定着问题的选择范围与解答标准；反过来，问题的动态发展也在推动着范式转换与科学变革。而要研究库恩的问题发展模式，离不开对其科学发展模式的梳理。

二、 范式更迭下的问题转换

库恩对科学问题的分析是在范式和科学共同体的框架下进行的，他主张科学的发展和进步就是在科学共同体指导下范式不断完善和更迭的过程，并提出了以范式为中心的"前范式科学—常规科学—反常与危机—革命科学—新常规科学"的科学

① 库恩. 科学革命的结构［M］. 金吾伦，胡新和，译. 北京：北京大学出版社，2003：9.

② 库恩. 科学革命的结构［M］. 金吾伦，胡新和，译. 北京：北京大学出版社，2003：9.

发展模式。在前范式科学时期，统一的科学共同体和公认的范式还没有形成，不同学派对于同一科学问题存在着争端和分歧，在争论过程中，成功说服大多数或全部科学家的科学理论成为指导科学活动的范式。库恩把常规科学的研究工作比喻为"解谜"（puzzle-solving），也就是在一定范式指导下去解决该领域的科学问题，解谜活动是与范式密切关联的。这一时期并不是没有矛盾和冲突，也会出现与范式不相适应的"反常"（anomaly）现象，原有的范式面临着新的挑战，它不再能说服科学共同体，这意味着科学革命时期已经到来。这时旧范式不再为科学共同体所认可，新范式和旧范式之间产生了激烈的竞争和更迭，最终新范式取代旧范式，进入新常规科学时期，开启新的科学发展循环。因此，在范式更迭的视角下审视库恩的科学发展模式，也可以将其表述为"常规问题—反常问题—新的常规问题"的问题转换过程。库恩将科学发展时期划分为常规科学时期和革命科学时期，将科学问题分为常规问题与反常问题两类，但这种划分并不是绝对的和彼此对应的，无论是常规科学时期还是科学革命时期，都会存在反常问题。

（一）常规科学时期的科学问题

常规科学时期的常规问题是受范式规则规定的有解的科学问题。为了更系统地阐明范式研究，库恩对常规科学的研究活动和主要问题进行了分类：他将常规科学时期的科学研究活动分为事实性研究和理论研究两类，它们分别明确了实验活动和理论活动中需要解决的科学问题；"与其他任何一类常规研究相比，阐述范式既是理论问题，又是实验问题"[①]。因此这一时期

[①] 库恩. 科学革命的结构：新译（精装版）[M]. 张卜天，译. 北京：北京大学出版社，2022：84.

的科学问题可以分为实验问题和理论问题两类。

在事实性科学研究方面，库恩明确了这类研究活动的三个焦点：第一类是范式"已表明特别能够揭示事物本质的那类事实"[①]，也就是说，范式明确了值得关注和研究的科学事实和科学问题。通过运用这些事实来解决科学问题，范式可以使其在一定程度上获得更高的精确性和更大的确定性，从而扩大事实在解决实验问题中的范围和比例。第二类是可以与范式产生的科学理论直接进行比较的事实。相较于上一类事实活动，这类事实更加依赖于范式的存在，因为范式能明确理论与事实相符的程度。第三类是包含常规科学搜集活动的事实，这也是最重要的一部分，"这些经验工作旨在阐述范式理论，解决它残留的一些模糊不清之处，并且解答以前只是吸引它注意的问题"[②]。

在理论研究方面，库恩认为理论科学的部分工作就是运用已有的范式理论提前预知具有内在价值的事实，他将理论问题分为确定重要事实、理论与事实相符、用事实阐述理论三类。第一类问题在探寻理论与自然接触点的过程中发挥重要作用，例如制作天文星历表、计算透镜特性等。第二类问题涉及科学理论的精确性，力图不断完善现有的理论以提升与事实相一致的程度。第三类问题既属于上述实验问题的部分，也属于理论问题的部分，科学家们在进行实验的同时修改科学理论中模糊的部分，使得范式更加清晰明确。

（二）科学革命时期的科学问题

随着常规科学的不断发展，范式无法解决的反常问题凸显

[①] 库恩. 科学革命的结构：新译（精装版）［M］. 张卜天，译. 北京：北京大学出版社，2022：74.

[②] 库恩. 科学革命的结构：新译（精装版）［M］. 张卜天，译. 北京：北京大学出版社，2022：77.

出来，范式危机逐渐产生，这表明科学革命时期即将到来。"一般而言，触发科学革命的导火线都是科学发现"①，库恩认为反常问题既包含"新奇的事实"，也包含"新奇的理论"，他将"新奇的事实"描述为"发现"，将"新奇的理论"描述为"发明"，并指出对这二者所做的区分都是人为性的区分，二者在反常问题中往往是联系在一起的。库恩所说的反常问题就是超出现有范式范围的那类问题，面对反常问题，科学共同体内部往往秉持两种不同的态度："一是完全忽略，熟视无睹；一是调整理论使之与实验相合。这种调整必然是逐步的，依次扩大调整的范围和深刻程度，直至异常消失。那些挥之不去的异常则直接危及已建立的规范。"② 库恩认为在常规科学和科学革命时期出现与范式不相符的现象是普遍和必然的，最初只有少数科学家能够意识到反常问题对现有范式造成的威胁，大部分科学家仍会将其视为常规科学时期尚待解开的"谜"。而当反常问题逐渐增多时，科学共同体开始对现有理论进行修正和改进，逐步实现新范式对旧范式的替代，在这一过程中库恩使用了"不可通约性"（incommensurable）来表明新旧范式之间在本质上具有不可相容的区别。由于范式之间的选择缺乏理性基础，科学共同体只能基于各自内在的范式规则来选取理论，科学问题的解决在很大程度上依赖科学共同体的辩论说服技巧。

三、 共同体：科学问题的主体性

在库恩的理论体系中，与"范式"紧密相连的另一个概念就是"科学共同体"，科学共同体指"一些学有专长的实际工作

---

① 舒炜光，邱仁宗. 当代西方科学哲学述评［M］. 2版. 北京：中国人民大学出版社，2007：182.

② 吴以义. 科学革命的历史分析：库恩与他的理论［M］. 上海：复旦大学出版社，2013：132.

者由所受教育和训练中的共同因素结合在一起，他们自认为也被人们认为专门探索一些共同的目标，也包括培养自己的接班人。这种共同体具有这样的一些特点：内部交流比较充分，专业方面的看法也比较一致。同一共同体成员很大程度上吸收同样的文献，引出类似的教训"①。库恩所说的"科学共同体"包含了两个基本条件：一是共同体成员由科学家群体组成，二是共同体成员拥护相同的范式。这两个基本条件表明科学共同体的特征在于科学家群体内部专业见解与价值信念具有高度一致性，成员秉持着共同的范式理论和解题基准。库恩用"专业母体"这一术语来说明科学共同体和范式本质上的统一性，指出"离开'母体'即无所谓一定的专业共同体"②。实际上库恩正是通过专业母体包含的范例、符号、思维方式来深化范式的本质，彰显出在提出和解决科学问题时范式更迭的主体性因素。

库恩所说的科学共同体有别于其他社会共同体。这一共同体是范式指导下高效解决科学问题的重要群体，这一群体的形成不是以年龄、性别等社会关系作为划分标准，而是以高度一致的理论基础和科学范畴加以界定，并且群体内部在范式运用和问题解决等方面都具有一定的主体性特征。在常规科学时期，科学共同体遵守统一的范式规则进行解谜活动，处理这一阶段遇到的实验问题和理论问题，科学共同体内部具有共同的解题目标和交流语言，促使科学问题能以更高的精确性、更完善的理论来解决。但这一时期也会出现与范式理论不相符的反常问题。起初科学共同体会对反常问题进行修正以期能与旧范式的预测相一致，而在科学革命时期，为了解决范式危机遇到的问

---

① 库恩. 必要的张力：科学的传统和变革论文选 [M]. 范岱年，纪树立，译. 福州：福建人民出版社，1981：292.

② 库恩. 必要的张力：科学的传统和变革论文选 [M]. 范岱年，纪树立，译. 福州：福建人民出版社，1981：293.

题，科学共同体会提出多种解决方案彼此竞争，最终只有一个新的范式能够成功取代旧范式，成为科学共同体内部新的价值遵循。总而言之，科学共同体是回答科学发展问题的重要支撑，范式、科学共同体与科学问题之间存在着密不可分的关系。范式是科学共同体内部拥有的共有信念和价值认同，不同的科学共同体之间由于无法享有相同的范式而无法交流；科学问题的界定和选择离不开范式的规定，只有符合范式要求的科学问题才能被科学共同体承认并开展研究，同时范式也为科学问题的解决提供了有效范例，推动科学的进步和发展。

库恩认为，科学共同体在提出和解决科学问题的过程中居于主体性地位，这是由科学共同体的价值选择和行为方式决定的。一方面，科学共同体的价值选择是个体价值与集体价值的结合。以范式作为共同体成员公认的科学信念，既是科学共同体共有的客观价值准则，也是每个共同体成员进行理论选择的结果，成员的专业结构、心理特征、技术水平等都会影响科学共同体的抉择，"尽管科学家广泛共有一些价值，尽管对这些价值的深刻信念是科学的构成要素，但价值的应用有时会受到群体成员个性和经历等特征的极大影响"[①]。库恩并不否认科学共同体中成员个体价值的差异性和合理性，而且主张将科学共同体的价值选择看作个体价值与集体价值结合的产物。另一方面，科学共同体的行为方式受范式的规范性制约。范式作为一个科学共同体成员所共有的东西，内在地约束和限制着科学共同体的价值准则和功能目标。正是范式的这种规定作用，才能使得共同体内部按照一定的标准实现实验设计、设备操作等行为方式的统一，在范式的指导下完成解难题等活动。

---

① 库恩. 科学革命的结构：新译（精装版）［M］. 张卜天，译. 北京：北京大学出版社，2022：248.

综上所述，库恩的问题观围绕范式和科学共同体展开，其思想核心就在于问题的主体性。他坚持以一种历史主义的眼光来考察科学问题，将问题放置在科学史的具体进程之中，因而他能够拾起波普尔所忽视的常规阶段的解题活动，"软化"拉卡托斯那不可讨论的"硬核"，拎出在劳丹那里缺席了的问题主体，在更为全面地描述了问题的合法发展的同时，还开辟了科学问题研究的新方向。从此，社会的、心理的等各种非理性因素合法地介入到问题的判定和科学的发展中，科学文化与人文文化之间的隔阂被有力地冲破。尽管如此，库恩的科学问题观还是存在着一定的不足。劳丹认为，其范式免受批评这一假定使得范式在发展过程中略显僵硬，范式只能通过范例来识别则让范式在界定上变得模糊，因而其问题的合法性说明仍存在纰漏。

第四节　劳丹：科学是一种解题活动

拉里·劳丹是当代美国科学哲学家，他巅峰时期的学术生涯处于历史主义与后历史主义之间的过渡时期，因而一般被认为是新历史主义的代表人物。他在批判地继承了库恩的"范式"和拉卡托斯的"科学研究纲领"后，提出了"研究传统"概念和以解题为导向的科学进步模式，这是劳丹对科学哲学的突出贡献。在劳丹看来，科学本质上就是一种解决问题的活动，因此，他的科学哲学观点与问题紧密相连。他提出的"研究传统"实际上就是解决问题的工具，科学的进步也是以解题效力来衡量的。

一、 从问题之间到问题本身

劳丹与波普尔一样都承认问题是科学认识活动的核心，他是"科学始于问题"这一观点的典型拥护者，"问题"也是他科学哲学理论的核心关键词。但是，较之于波普尔对于科学本质的看法，劳丹则明确提出了科学的本质就是解决问题。拉卡托斯虽然对波普尔的学说进一步精致化发展，但他对问题的合法性的解释仍然模糊不清。库恩的范式理论虽然较拉卡托斯的研究纲领理论更能全面描述问题合法性的发展，但其范式的僵硬性与识别上的不清晰遭到劳丹的批判与质疑。因此，劳丹开辟性地尝试通过对合法问题本身进行系统和深入地分析来说明科学进步的模式，提出了比拉卡托斯的"研究纲领"和库恩的"范式"更为灵活的"研究传统"。

劳丹以"研究传统"为其问题观的背景支撑，首先把以往科学哲学家们游走于问题之间的视线聚焦到了问题本身之上；首次对科学问题本身做了较为详细的划分和研究，而不是更关注从问题到问题的过渡和发展环节，因而他对科学进步模式的描述更加直接深入到了问题内部。劳丹把科学问题分为经验问题和概念问题两种。一般来说，经验问题就是由那些我们感到惊异且需要去做出解释的自然界中发生的所有事情构成的。经验问题又可分为未解决的问题、已解决的问题和反常问题，分别指那些尚未被任何一个理论恰当解决的经验问题，已经被某个理论恰当解决的经验问题，以及某个特定理论没有解决但该理论的竞争对手已经解决的经验问题。概念问题则在劳丹的解题主义问题观中具有突出地位，是指某种理论所显示出来的问题，它们是理论所特有的且不能独立于理论而存在的问题。劳丹认为，科学史上许多重大争论往往都不是因为某个理论解决不了经验问题，而是围绕概念问题产生的分歧。比如关于量子力学的争论主要在于其与经典力学对"物质""实在"等非经验性质的概念的理解分歧上。概念问题又可以分为内在概念问题和外在概念问题两种，前者就是某个理论内部出现的逻辑不一致或范畴含糊不清，后者则是指理论之间的冲突和张力。

可见，劳丹集中挖掘研究了问题本身，开拓且描述了一个属于科学问题的新世界。而正是由于他着眼于问题本身，科学活动的本质得以重新定义，一种全新的解题主义问题观以及科学进步模式也顺势降生。

二、 科学的本质是解决问题

"何为科学本质"是科学哲学研究的主要议题之一。历史上大多数哲学家都将真理与科学活动捆绑在一起，认为科学的本质就是追求真理，或如波普尔一样，认为科学是在不断逼近于真理。而劳丹同历史主义学派的前辈一样意识到了"以真理作为科学活动的目的"在理论和实践上都存在着许多难以解释的问题，甚至"真理"这一概念本身就是存在争议的。因此，劳丹不再纠结于"真假问题"，而是直接转向"效力问题"。他认为，科学本质上就是一种解决问题和以问题为定向的活动，科学的目标就在于解决问题——不断消除未解决问题和反常问题，扩大已解决问题的范围，获得具有高度解题效力的理论。在他看来，从这种观点出发，科学就不仅仅是一种合理的活动，而且是一种有显著进步的活动。

"理论的合理性和进步性与它的确证性或证伪性并无多大关系，而与它的解决问题的有效性密切相关。"① 劳丹认为，理论

---

① 劳丹．进步及其问题：科学增长理论刍议［M］．方在庆，译．上海：上海译文出版社，1991：65.

即解决问题的工具，所谓解决问题的能力就是指理论的解决问题能力。劳丹把理论分为两类：一类涉及非常特殊的一组学说，这些学说通常可称作"假说""公理"或"原理"。这类理论我们可以理解为专门性理论，它们可以直接预言、解释自然现象并直接由实验检验，比如詹姆斯·麦克斯韦的电磁理论、尼尔斯·玻尔的原子结构理论、爱因斯坦的光电效应理论等等。另一类则涉及那些更加普遍、更不易检验的学说或假定，它们不是单一的理论，而是包括诸多单个理论的理论系列，我们可以理解为普遍性理论。例如"原子论"是包括了诸多理论的理论整体，它们都有一个共同的基本假定——物质的不连续性，此外还有"进化论""气体运动论"等也是如此。①

　　劳丹对"何为问题的解决"也做出了进一步的阐释。他认为，科学研究活动的一个理想情况就是理论能精确预言经验事实，与存在的问题完美匹配。但是我们很少能实现这一理想情况，更多情况是理论预言与经验事实总是存在不一致的地方。在某一时期似乎很完美的问题解决方案往往会随着时间推移被质疑其可靠性，比如牛顿的经典力学理论与量子力学理论就能说明这一点。因此，劳丹实际上承认了问题的解决具有一种近似性和非永久性，我们不必苛求理论的解题效力在问题外延上完美切合，理论在解决时效上能一劳永逸。我们既无法保证理论一定能证明事实，也无法保证理论能永远证明事实。所以劳丹认为，"一个理论可能解决一个问题，只要该理论能够推导出该问题的一个哪怕是近似的陈述"②。"解决问题"这一核心观点在此再次凸显，劳丹的意思就是如果理论目前还能近似地解决

---

　　① 舒炜光，邱仁宗．当代西方科学哲学述评［M］．2 版．北京：中国人民大学出版社，2007：220.

　　② 劳丹．进步及其问题：科学增长理论刍议［M］．方在庆，译．上海：上海译文出版社，1991：17.

问题，它就仍然值得人们的信任和使用；而如果理论逐渐失去解题效力，不再能够较好地解决当前问题时，我们就应当寻找下一个能更近似的解决问题的理论，就是这样一种循环往复的过程构成了科学活动的全景图。

我们可以发现，劳丹把"真理"踢下神坛，而把一种"有效性"上升到科学的本体论层面，因此他对科学本质的看法和对理论的选择的观点中不免充满了实用主义的思想与功利主义色彩。劳丹将解决问题作为科学的本质决定了他无法摆脱实用主义的影响，这种实用主义观点虽然有一定道理和优势，但其中的功利性思想有时对科学的发展也会起到阻碍作用。"解决问题"本身就是这样，它对科学究竟是起促进作用还是阻碍作用并不能一时妄下定论。在这一点上，那种以真理为科学的本质和目标的观点能够很好地克服这一缺陷。但无论如何，劳丹这种关于科学本质的观点是有开辟性意义的，并且与他整个科学哲学理论相匹配，为他提出解题主义的科学进步观奠定了基础。

三、 以解题为导向的科学进步模式

科学进步就是指"科学在其发展过程中向着合理的目标不断接近"。[①] 根据这一定义，英国著名科学家和科学社会学家约翰·贝尔纳（John Desmond Bernal）将科学进步观分为两大类：一类是理想主义科学观，这类科学观以追求真理为科学的本质，以符合或接近真理为科学活动的目标和科学进步的评价标准；另一类则是现实主义科学观，这类科学观质疑或反对真理的存在，认为真理本身就是一种有用的行动的手段，真理的检验也

---

① 王哲. 解决问题：劳丹科学进步模式述评 [J]. 内蒙古社会科学（汉文版），2003（S1）：85-87.

要经过这种有用的行动来进行。现实主义科学观将科学的本质视为一种实用性和功利性层面的东西，并且认为科学进步的标准也遵循实用主义的那种"效用原则"。波普尔朴素证伪主义的科学进步的四段图示模式和拉卡托斯精致证伪主义的科学研究纲领模式都是一种真理逼近式的科学进步观，体现的是理想主义科学观。而库恩和保罗·费耶阿本德（Paul Feyerabend）等科学历史主义者则对这种理想主义科学观提出了质疑和挑战，他们对真理逼近式的科学进步观从合理性目标、逼真度的评价标准以及理论之间的一定的逻辑性等方面进行了反驳。劳丹也认可历史主义的观点，认为将真理作为科学活动的目标实际上是一种超验的观点，因为科学是否达到了真理或是逼近了真理是处于经验世界的我们无法用经验事实来确认的。但科学作为一项合乎理性的活动需要一个目标来规范其方向，需要一种标准来判断其进退。于是为了避免这种传统真理观的局限性，也为了科学的正名，劳丹则直接提出了以解决问题为核心的科学进步模式——"研究传统"模式。

追溯历史，我们可以发现，劳丹的科学进步的"研究传统"模式是在扬弃库恩的"范式"概念和拉卡托斯的"科学研究纲领"的基础上提出的。"他认为'范式论'存在严重缺陷，库恩没有看到科学争论和'范式'评价中概念问题的作用，他实际上没有解决范式进步与构成理论之间的关系问题；范式的结构死板，难以适应理论的变化；范式概念含混，很难用来说明科学史中许多理论争论；范式理论不能说明为什么在本体论、方法论等方面有根本分歧的科学家能够常常利用相同的规律和范例"[①]。拉卡托斯对库恩的理论做出了很多决定性改进，例如，他强调研究纲领的共存性和可选择性，研究纲领之间的可比较

---

① 刘放桐，等. 新编现代西方哲学［M］. 北京：人民出版社，2000.

性，以及他为解决特大理论与构成其特殊理论之间的关系问题的尝试等。但拉卡托斯的研究纲领与范式论一样也忽略了概念问题的重要性，他的进步概念也只是经验的，他关于进步的量度都需要比较其研究纲领内的每个经验内容。所以拉卡托斯对进步的定义实际上是无法应用的。此外，他理论中不变的硬核使得其研究纲领过于僵硬，他关于反常的积累不影响对研究纲领的评价的观点也不符合科学史实。

前已述及，劳丹把已解决的问题作为科学进步的单元，解决问题的基本工具是理论，理论有两种类型，其中那种我们理解为普遍性理论的，即劳丹所谓的"研究传统"。劳丹同拉卡托斯和库恩一样，强调对那些普遍性的特大理论进行研究，这种普遍性的特大理论，在拉卡托斯那里是"研究纲领"，在库恩那里是"范式"，在劳丹这里就是"研究传统"。劳丹对研究传统的定义不像库恩对"范式"那般模糊不清。他认为，"一个研究传统是这样一套普遍性假定，它假定了一个研究领域的实体和过程，假定了一个研究领域中探究问题和构筑理论的恰当方法"①。研究传统是从历史中发展出来的，也随着历史的发展而消亡。每一门学科都有其各自的研究传统，比如哲学中的经验论和唯名论，心理学中的行为主义和弗洛伊德主义，生理学中的机械论和活力论等。每个研究传统都有许多特殊理论，这些理论可能并不是同时代的，也可能并不一致，但这一系列特殊理论都与整个研究传统相联系，都是为了说明和满足这个研究传统的本体论与方法论，研究传统也为这些特殊理论的发展提供一套指导方针和合适的研究方法。研究传统之间有着某些形而上学规定和方法论规定上的区别，如果某位研究传统的拥护

---

① 劳丹.进步及其问题：科学增长理论刍议［M］.方在庆，译.上海：上海译文出版社，1991：81.

者试图去从事一项该研究传统的本体论和方法论所禁止的工作，那他实际上等于否定了这一研究传统。①

对研究传统的评价就在于它解决问题的效力，这种效力可以从问题出发去衡量：一方面看它解决的经验问题的数目和重要性；另一方面看它面临的反常问题和概念问题的数目和重要性。研究传统之间孰优孰劣，就是看在已知的一定时间内，哪一个研究传统内含的理论总体要比另一个能够更好地解决问题。所以，用研究传统就可以衡量科学的进步，这种以问题为单位的衡量方法能够更加清晰和灵活地评价科学的进步问题。

综上所述，劳丹的科学进步模式的基本观点可概括为以下五点：（1）解决问题是衡量科学进步的基本单位，科学的进步就在于问题的解决和解题效力的提高；（2）一个理论的总的解题能力在于其所解决的经验问题的数量和重要性程度以及它所减少的反常和概念问题的数量和重要性；（3）问题的提出和选择取决于研究传统；（4）研究传统的总的进步程度是由最后构成它的理论集合体的解题能力所决定的；（5）研究传统的进步速度是由在特定时期内传统的解题能力的变化决定的。② 可见，劳丹的研究传统的进步模式中始终贯穿着"解决问题"这一核心思想，这样一种解题主义思想也使得劳丹的科学进步模式较之库恩和拉卡托斯的理论更加开放和灵活。

总之，劳丹的解题主义问题观用更具客观性和历史性的语言描绘了一幅自由开放的科学探究图景，同时也为这一新图景提供了有力的哲学支持。但即使他努力克服前人不足，试图建立两全其美的理论，他也仍然没有达到目的。他着重于论述如

① 舒炜光，邱仁宗. 当代西方科学哲学述评 ［M］. 2 版. 北京：中国人民大学出版社，2007：220 - 221.

② 李征坤. "科学始于问题"辨析与正确回答：对当代西方主要科学哲学家的科学问题观的评析 ［J］. 武汉大学学报（哲学社会科学版），1996（5）：53 - 57.

何以问题为单位来评价科学理论，而缺乏对问题的发现和解决过程的方法论的讨论。他把问题摆在科学哲学的中心地位这一做法也被认为是有危险的，因为对问题分类的强调可能会导致对其背后的理由做细致分析的忽视。到劳丹这里，科学哲学的历史主义流派几近走向尾声，而后普特南、哈金、拉图尔以及劳斯等一批哲学家掀起了科学哲学发展的新浪潮，在这些不同的视阈下，科学问题观也悄然发生了变化。

第五节　普特南：实在论视角下的科学问题

希拉里·怀特哈尔·普特南（Hilary Whitehall Putnam）是美国著名的科学哲学家，也是科学实在论的代表人物，著有《逻辑哲学》（1971）、《意义和道德科学》（1978）、《理性、真理和历史》（1981）、《实在论和理性》（1983）等。普特南对哲学事业充满热爱，对许多问题都提出了独到的哲学见解。他一生勤于反思，经常站在不同的哲学立场上批判自己的理论，在科学哲学界也以"善变"著称。普特南的科学哲学理论研究围绕实在论展开，他的科学问题观也是在立足于实在论思想的基础上，不仅对科学问题的对象做出了实在论的解释，而且对科学发展的积累进步观做出了实在论意义的回答。普特南重视实践对科学问题和科学理论的重要作用，关注人的幸福和生活的意义，因此他认为价值因素对于科学实践本身也是不可或缺的，科学问题作为探究世界的研究活动也是蕴含着价值判断的。普特南的科学问题观包含对实在论的探讨、对实践的考察和对价值因素的审视，这种独特的研究视角为科学哲学的发展开辟了新的研究路径。

一、 从实在论看科学问题

作为科学实在论代表人物的普特南所持的哲学立场是多变的，他从早期的科学实在论立场转向了内在实在论立场，最终采取了自然实在论的哲学立场。普特南对科学哲学问题的探讨基本围绕实在论而展开，因此对普特南科学问题观的考察需要在实在论的视阈中进行。

普特南对科学问题的对象做出了实在论的解释。唯名论将个体或殊相视为实在的，共相或一般者只是作为名称而存在，这一观点遭到了普特南的否定，他所主张的实在论的对象不仅包括物质对象，也包括"一般者"。普特南对科学问题对象中的抽象实体进行了较多论述，他的目的不是探讨抽象实体是否实在这类问题，而是旨在对数学和逻辑学中抽象名词的客体性做实在论解释。一般而言，人们经常对物理界持实在论的观点，肯定这一领域中科学问题对象的实在属性，而对数学界持唯名论的态度。在普特南这里，数学界中的"数"与"点"的存在和对应是经验与准经验并存的，"准经验"包含了相对性和可错性的含义，模糊了"经验"和"数学"二者间的界限。这也就是说，普特南认为如果关注到了数学方法和数学客体的存在是准经验的，其实就是承认数学实体的存在并且赞同其向真理接近的观点。

普特南的科学进步理论具有实在论意义。在对待科学进步的问题上，普特南持一种科学实在论的进步观，主张科学知识的积累发展。普特南对逻辑实证主义和历史主义关于科学进步的观点都进行了分析。逻辑实证主义的进步观是建立在证实主义基础上的积累发展观，科学是成功的或进步的原因在于理论或命题被证实。普特南认为这种证实的形式已经成为一种社会的惯例化形式，对科学进步的承认仅来自合理性论证的形式化。也就是说，承认某一理论是被证实的或"成功的"来源于有权威的科学家和社会中大多数人的认可，但这实际上是一种自我否定。因此，合理性论证实际上"预设了比证实概念更为宽泛的辩护概念，它也确实比习俗化的标准合理性更为宽泛"①。历史主义的代表人物保罗·费耶阿本德和托马斯·库恩都提到了"不可通约性"（incommensurability）的概念，肯定了科学知识的非积累性发展。普特南认为历史主义者提出的这一命题是自相反驳的，如果这一命题成立，无论是过去的还是未来的语言和文化都是无法理解的。不同于逻辑实证主义和历史主义的观点，普特南所主张的科学积累观实际上是强调真理的积累，科学理论是近似的真理，后继理论比先前理论更符合实在且更接近真理。普特南把以实在论和真理论作为解释其理论之进步和成功的核心内容。

二、 在实践中考察科学问题的正确性

普特南的实在论思想经历了从本体论到认识论的转变，实在论思想的逐渐深化实际上是对实践过程的靠近，他所说的科学问题和科学理论也体现了人类对世界的根本关切。普特南早期坚持绝对主义和形而上学的观点，在后期他格外重视实在论中的实用主义因素，逐渐出现了转向实践哲学的倾向，对科学问题的考察和理解也处于对实践的动态理解过程中。"实践"指向现实生活的世界，关注人的幸福、尊严和生活的意义，因此在普特南看来，科学问题的提出和科学理论的运用应当服务于现实世界。科学问题和科学理论的正确与否不是看其是不是对

---

① 普特南. 理性、真理与历史 [M]. 李小兵，杨莘，译. 沈阳：辽宁教育出版社，1988：140.

世界的精确认识，而是由其是否能在实践中应用并取得成功决定的，对实践的重要性的忽视会直接导致对成功重要性的忽视。普特南在这里突出强调了实践对科学问题和科学理论在取得成功过程中的重要作用，他尝试将建立在理论和实践之间的鸿沟消除。

在实在论方面，普特南对科学问题的关注经历了从科学主义到经验主义再到人本主义的转变，实在论不再独立于主体和思想之外，科学理论逐渐趋于世界的内部。在语言哲学方面，普特南将科学问题的提出和解决放在基于社会实践建立的语言共同体的背景中。他指出指称不是单独存在的，对指称的理解离不开语言共同体的概念系统，知道一个语词的意义不是出于某种心理状态，意义应该在人与世界的关系中把握，也就是说，一种正确的意义理论必须考虑语言使用者与社会共同体和世界的相互作用。对于科学理论和预言的关系问题，普特南否定了归纳主义和波普尔等人主张的基本语句或预言是从理论中演绎出来的观点，指出波普尔等人的错误就在于没有看到实践是主要的，普特南主张"在许多重要的场合里，科学理论全然不包含着预言"。对于与科学理论相关联的科学问题部分，普特南提出了解决科学问题的三种不同图式：

图式1   理论

        辅助陈述

        ————————

        预言——真或假?

图式2   理论

        ????????

        ————————

        被解释的事实

图式3   理论

        辅助陈述

        ————————

        ????????

普特南提出的这三个图式展示出了科学问题和科学理论可

能面临的不同情境，其中涉及的理论检验、理论批判等环节都离不开现实世界中的实践活动。图式 1 表明在某种辅助陈述下已经推导出了一种预言，因此需要对这个预言的真假进行检验，而对预言进行检验的意向是批判的意向，这与图式 2 所包含的意向是冲突的。图式 2 表明要解释的事实已经存在了，但缺少能与理论结合起来进行解释的辅助陈述。这里所说的是解释的意向，"这两种意向（批判的意向和解释的意向）是相互独立的，而解释态度与批判态度之间的冲突或对峙正是推动科学向前发展的东西"。图式 3 表明理论和辅助陈述已经存在，但缺少可能得出的结论，而寻找结论的过程也是困难的。普特南将科学问题可能的适用情境与解决方式概括为三种图式，表明社会、环境等因素对科学问题的解决和科学理论的成功具有重要影响。普特南将科学视为开放的事业，科学问题的提出和解决来自对自然本身的注视与倾听，科学问题的正确提出和成功解决离不开实践的参与与他者的贡献。这既体现出普特南对科学研究深刻而敏锐的思考，也体现出人类对世界的根本关切。

三、 科学问题的价值审视

普特南在对实在论问题进行思考的同时，也对价值问题进行了研究，这是与人类生存和科学发展密切相关的问题。在普特南看来，实在的世界依赖于价值，科学探究活动需要认知价值的引导，他的科学问题观中也渗透着对价值因素的审视。正如约翰·杜威（John Dewey）所说，"哲学的中心问题是：由自然科学所产生的关于事物本性的信仰和我们关于价值的信仰之间存在着什么关系"[①]。所以，科学的价值问题也是科学哲学研

---

① 杜威. 确定性寻求：关于知行关系的研究 ［M］. 傅统先，译. 上海：上海人民出版社，2005：197.

究领域不容忽视的问题。

在元伦理学领域，事实与价值的二分问题由来已久。普特南认为这二者的区分依赖于分析判断和综合判断的二分，他反对逻辑实证主义对事实问题的不当解读，主张事实与价值是相互纠缠、相互融合的。人们在运用某些价值理论时，并不能完全排除事实判断，而是根据具体情况表达不同的事实或价值内涵；同样，事实陈述中也包含着价值描述。除了事实与价值的二分，逻辑实证主义者认为科学和伦理学之间也存在本质区别，科学作为关于自然界的价值无涉的"客观性"的学问，只能通过证实的方式来判断真假，而伦理学则是只具有情感意义的判断，不能通过科学的方法判断真假。普特南不赞同对科学和伦理学做绝对区分，他所说的客观性是包含了主体性因素的客观性，而主观性也是与客观性相联系的主观，理解和认识世界的事实和价值问题并不完全等同于客观性问题，任何客观性实际上都是相对于作为主体的人的客观性，"科学探究是以我们认真地对待包括所有种类的价值主张在内的本身并非科学的主张为前提的。……无论是在科学的还是非科学的探究中，我们都应当放弃客观性概念"①。事实与价值的融合表明了价值理论包含着事实内容，科学事实本身也预设着价值，即使在科学活动中也渗透着价值和规范。科学问题的提出和解答是建立在科学事实基础上的，科学的问题研究作为探究世界问题的科学活动也是蕴含着价值判断的，所以科学问题中的价值判断与科学事实是密不可分的。普特南的理论彰显出一种正确对待价值问题的科学观。

总之，普特南的科学问题观是切近自然和现实世界的实在

---

① 普特南．事实与价值二分法的崩溃［M］．应奇，译．北京：东方出版社，2006：180．

论问题观，他不仅对科学问题的对象做出了实在论的解释，而且对科学发展的积累进步观做出了实在论意义的回答。在经历了实在论思想三个时期的变化后，他更加关注自然和现实世界对科学的重要意义，把对科学问题和科学理论的研究放在面向实践的动态理解过程中，在人与世界的关系中把握科学本身的意义。普特南的科学问题观中也包含着对价值因素的审视，科学问题中的价值判断与科学事实是密不可分的。与以往的哲学思想相比，普特南问题观中对实在论和人与世界的描述，与经验现实更为切近，但其中可能包含的相对主义理论缺陷也是不容忽视的。普特南将科学的合理性问题视为开放性的，将合理性的标准视为非唯一性的，所以人们始终无法用一个确定的标准来评定科学判断的合理性。普特南的问题观有其独特的魅力和现实价值，其中科学在实践中的探知和反思以及与现实环境的全面互动，使得对实在的理解亦存在很大的开放度。

综上，从问题角度切入科学哲学史，可以厘析出科学哲学史中问题观的变迁。波普尔的科学知识否证式增长观的理论模型指出了问题在科学研究中的动力学意义。劳丹论述了科学问题的解决对科学进步的积极影响。库恩从主体性的视角，将问题与范式联结，认为范式影响着科学共同体对科学问题的选择、解答以及评价。拉卡托斯则将问题与其科学研究纲领相结合，从新的视角提出"问题转换"概念，并把问题的解决和理论评价有机结合，展示出问题与知识增长的关系。普特南基于实在论立场，不但对科学问题做了实在论的解释，而且将价值因素与价值判断引入对科学问题及科学实践本身的评价。总之，从问题观角度反观科学哲学史，一方面，它为问题学研究提供重要的思想渊源与启发；另一方面，它为我们重新理解百年科学哲学史的思想内涵与思想变迁提供了新的角度和路径。

第二章　科学问题观：
　　　　从表征到介入

　　从传统的实证主义科学哲学到科学实践哲学，科学问题观经历了从表征到介入的变迁。表征主义（representationalism）的科学问题观是什么？该问题观何以是表征主义的？表征主义问题观的危机何在？何为介入性的问题观？我们对科学问题的理解为何从表征转向实践？实践的本质是什么？实践立场的科学问题观有何特征？

　　科学问题在科学研究中具有重要意义，波普尔曾说"科学研究始于问题"。问题对于科学研究的启动与展开具有动力学意义。然而，科学问题在科学哲学研究中尚未得到应有的重视。回顾科学哲学史可发现，各流派关于科学问题的关注重点经历了从"表征主义"到"实践转向"的路径。实践转向的主要特征是揭示问题的介入性。

第一节　科学研究始于观察还是始于问题？

一、　何为科学问题观

　　回顾科学哲学史可知，各学派对科学合理性的辩护依据是不同的。逻辑实证主义、否证论对科学做内在逻辑的说明，将科学看作是对自然界的真实反映，认为科学知识具有真理性，科学哲学的目的是对科学活动进行"理性重建"；科学历史主义，如库恩等人将社会、历史以及科学家心理融入对科学的说明，从而对科学进行社会学的分析；而科学知识社会学（Sociology of Scientific Knowledge，SSK）则完全走向在建构论视角下，从利益、争论、政治等各种角度对科学进行社会建构论的说明。

在科学哲学史中的科学观变迁的背后，蕴含着科学问题观的变迁，此点在本书的第一章中已详细厘析。

那么，何为科学问题观？何为科学问题？

科学问题观是科学问题学研究的重要内容之一。所谓科学问题观，即对科学问题的基本看法和根本观点，它包括对"如何看待科学问题的定义、问题的内涵、问题的形式、问题生成演化的路径、问题的求解以及问题评价等内容"① 的研究和关注。

何为科学问题？

科学问题是科学发展的灵魂，但很长一段时间以来，科学问题在科学哲学中并未得到应有的重视。直到 20 世纪 80 年代，科学问题才成为科学哲学界的关注对象。科学问题贯穿于科学发展的始终，一部科学史就是一部科学问题的发现和进化史。

由于视角不同，科学问题的定义和分类多种多样，不同的定义从不同层次揭示了科学问题的特征与属性。科学问题的定义亦是揭示科学问题重要性的逻辑基础。发现和提出科学问题是科学发展的逻辑起点，分析和解决科学问题是科学发展的逻辑上升，因而科学问题贯穿于科学发展历程的始终。科学家和哲学家们从不同角度描述和定义着科学问题。

---

① 刘敏. 软系统理论视阈下问题观的认识论转向［J］. 东南大学学报（哲学社会科学版），2015，17（5）：55.

笛卡尔（René Descartes）、亨利·彭加勒（Jules Henri Poincaré）、皮埃尔·迪昂（Pierre Duhem）和爱因斯坦等科学家都曾专门论述过"科学问题"在科学活动中的独特地位与价值。然而，科学家们更注重科学问题在科学活动中的作用，往往忽略了对"科学问题"这一概念进行明确的界定。到底什么是"科学问题"呢？

史蒂芬·图尔敏（Stephen Toulmin）在《人类理解》[①] 一书中将科学问题理解为解释理想与目前能力的差距，"科学问题是解释的理想与目前能力之间的差距。即：科学问题＝解释的理想－目前的能力"[②]。杰拉德·史密斯（Gerald F. Smith）在《走向启发式的问题结构理论》[③] 一文中将理想与现实之间的差距看作是一种不满意的状态。迈克尔·波兰尼（Michael Polanyi）在《问题解决》[④] 一文中将科学问题理解为智力上的愿望，他认为科学问题首先是科学研究者（或者关注科学的人）主观思想上的一个愿望动机和动力。别尔科夫（В. Берков）认为，"科学问题，就是科学发现、科学研究过程中，理论与事实（这里指的是经验事实）之间，理论与理论之间的矛盾"[⑤]。波普尔认为，"科学问题是背景知识中固有预期与它所提出的观察或某种假说等新发现之间的冲突"[⑥]。

---

① TOULMIN S E. Human understanding ［M］. Princeton NJ：Oxford University Press，1972.

② PARKER A M. An inquiry concerning human understanding ［J］. Ploughshares，2004，30（1）：125.

③ SMITH G F. Towards a heuristic theory of problem structuring ［J］. Management Science，1988，34（12）：1403－1513.

④ POLANYI M. Problem solving ［J］. The British Journal for the Philosophy of Science，1957，8（30）：89－103.

⑤ 别尔科夫，罗长海. 科学理论和科学事实之间的矛盾 ［J］. 国外社会科学文摘，1988（3）：55－58.

⑥ 波普尔. 客观知识：一个进化论的研究 ［M］. 舒炜光，卓如飞，周柏乔，等译. 上海：上海译文出版社，1987：75.

国内科学哲学界将"科学问题"多定义为描述性的。张华夏认为,"科学问题是指在一定的背景知识下和一定的问题领域中,知与不知的特定的统一"①。孙小礼认为,"科学问题是处在人类认识到的未知之中,或者说是处在已知与未知相交的边缘,它是一种已知和未知的结合体"②。马雷、陶迎春认为,"科学问题是在已知科学知识基础上对未知科学知识的探求导向"③。夏从亚、刘国红认为,"科学问题是一定时代的科学认识主体,在特定的知识背景下,通过对研究对象的具体分析和缜密思考,提出的关于科学认识和科学实践中有待解决的矛盾或疑难,它蕴涵一定的求解目标和应答域,但尚无确定的答案","科学问题是一种矛盾,是已知与未有的差距"④。在科学方法论上,陈英和认为,科学问题是需要主体解决的某种疑难,"具体来说就是,当一个人希望达到某一个目标,但又没有可供使用的现成方法时,这个人就面临一个问题"⑤。何华灿、林定夷认为,科学问题是状态之间的差距,"科学问题是某个给定的智能活动过程的当前状态与智能主体所要求的目标状态之间的差距"⑥。

上述学者关于科学问题定义的观点有各自的合理之处,只是侧重点不同,分别揭示了科学问题不同方面的特性,如主体性、客观性、矛盾性、差距性、冲突性、目标性、应答性等。

本书认为,给"科学问题"下一个完美或唯一的定义是十分困难的,但或许我们可以从以下几点来把握"科学问题"的本质:

---

① 张华夏.论科学问题的逻辑结构(下)[J].社会科学战线,1992(2):36,39.

② 孙小礼.科学方法中的十大关系[M].上海:学林出版社,2004:57-59.

③ 陶迎春,马雷.科学问题的解答及其比较评价[J].哲学动态,2014(8):98.

④ 夏从亚,刘国红.论科学问题的发现与提出[J].山东师范大学学报(人文社会科学版),2010,55(2):116.

⑤ 陈英和.认知发展心理学[M].杭州:浙江人民出版社,1996:234.

⑥ 林定夷.问题与科学研究:问题学之探究[M].广州:中山大学出版社,2006:82.

首先，科学问题是认知主体对"困惑"的感知，或者说主体对"谜状态"的感知。即从事科学活动的认知主体意识到一种差距或矛盾的存在，是认知主体在心理上的一个困惑感知状态。

在此意义上，我们或许可以将科学问题表述为：科学问题是指科学认知主体在现有认知背景下提出的关于科学理论或科学实践中需要解决而又尚未解决的矛盾，它包含一定的求解目标和应答域，但尚未确定答案。简言之，科学问题是科学研究者所意识到的当前状态与目标状态之间的差距。这种"差距"既包括理论与理论之间的矛盾，也包括理论与现实之间的矛盾。

其次，本书认为，"科学问题"中的"问题"至少包含两种形态：一是困惑的状态，对应的英文是 problem；二是疑问的语句，对应的英文是 question。对于这两种形态的问题，我们分别用"问题Ⅰ"与"问题Ⅱ"表示。问题Ⅰ，是指一个问题就是一个智力上的困难，这是一种状态，我们用 problem 来指称；问题Ⅱ，是指问题是一个带有疑问语气的语句，即问句，我们用 question 来指称。从问题Ⅰ到问题Ⅱ是从科学现象的矛盾状态 problem 到用科学语言将其陈述为一个 question 的过程，其间需经历一个复杂的主、客体结合的跨越过程。这也是本书所要重点分析的地方。

问题Ⅰ（problem）是多种多样的，并不是所有的问题Ⅰ（problem）都可以转化为具有语词逻辑的问题Ⅱ（question），更不是所有问题都可以称之为"科学问题"（scientific question）。不同的问题对于不同人而言有程度不等的疑难，科学问题的本质是科学实践主体所意识到的认知上的差距或矛盾，并由此引起的智力上的困惑状态。正是这种困惑状态的存在，使得科学问题对科学实践而言具有启动意义。如波普尔所说的"科学研究始于问题"。

二、 科学研究始于观察，还是始于问题？

科学研究是从哪里开始的？弗朗西斯·培根（Francis Bacon）曾经提出，科学从观察开始。原因是当时人们普遍认为，我们观察到的就是"真实的"、客观的。恩斯特·马赫（Ernst Mach）也指出，"历史地确定科学实际上从什么时候、以什么方式开始发展是很困难的。然而，假定本能地收集经验事实先于对经验事实的科学分类，是合理的"①。

在 20 世纪中叶之前，在逻辑实证主义的影响下，科学界与哲学界普遍认为"科学研究始于观察"，也即科学哲学界众所周知的"观察渗透理论"。此观点的提出者是诺伍德·罗素·汉森（Norwood Russell Hanson）。在逻辑实证主义的视阈下，科学家和哲学家都主张观察具有客观性，认为观察者是绝对中立、不带任何感情色彩的，即所谓"眼见为实"。实际上早在 17、18 世纪机械论自然观的影响下，科学界渐渐形成一种"没有认识主体的认识论"，这种认识论的前提就是人们默认观察是中立的，不带任何感情色彩的。

事实上，汉森提出"观察渗透理论"的观点，背后的暗示是，观察与理论无法截然两分，使得"科学研究始于观察"相当于"科学研究始于理论"。这是很多实践科学家无法认可的。因此，人们开始质疑科学始于观察的观点。

到了 20 世纪后半叶，自然科学进一步发展，人们开始意识到原来那种认为观察是绝对客观的、科学研究始于观察的、"没有认识主体的认识论"存在重大问题。相对论和量子力学的发展，不断更新人们的认知水平，也在不断挑战原有的认识论框架。科学家和哲学家们意识到，观察者本人"既是观众，又是

---

① 转引自董光壁．马赫思想研究［M］．成都：四川教育出版社，1994：237.

演员"，因为所有的观测行为本身都会一定程度地影响实验结果。如测不准原理指出，运动粒子的位置和动量不可能同时被准确测得，原因是观察者以及观测仪器都会影响观察实践结果。

为此，波普尔质疑"科学研究始于观察"，提出"科学只能从问题开始"①。据说在一次学术会议上，波普尔上台来就说："请看！"台下听众一片茫然，无所适从。波普尔说，看来观察并不能引发研究，真正能引发研究的是问题。约翰·杜威也认为，"当科学研究者无目的地从事观察的时候，也不过是因为他爱找问题作为他研究的资料和向导，于是极力在剔抉那不露在表面的问题而已"②。所以，波普尔得出了重要的认识论命题："科学始于问题，而不是始于观察。"③他明确提出："正是问题才激励我们去学习，去发展我们的知识，去实验，去观察。"④

当然，到了20世纪末，随着SSK以及科学实践哲学的发展，科学哲学后起之秀们开始从文化以及历史的角度研究科学，他们提出了新的观念，即"科学研究始于机会"。这种观点强调实践的、偶然的因素对研究的影响。本书将在第五章"实践维度下科学问题的地方性特质"中讨论这个问题。

在西方科学哲学家中，波普尔首先提出"科学研究始于问题"的重要论断。在波普尔看来，问题是科学进步的起点，也是科学进步的动力。按照波普尔的科学观，科学进步的模式是：$P_1 \rightarrow TT \rightarrow EE \rightarrow P_2$。科学进步首先以问题（Problem，$P_1$）开始，再提出试错性理论（Tentative Theory，TT），然后在实践

---

① 波普尔.猜想与反驳：科学知识的增长［M］.傅季重，纪树立，周昌忠，等译.上海：上海译文出版社，1986：318.
② 杜威.哲学的改造［M］.许崇清，译.北京：商务印书馆，1958：76.
③ 波普尔.猜想与反驳：科学知识的增长［M］.傅季重，纪树立，周昌忠，等译.上海：上海译文出版社，1986：318.
④ 波普尔.猜想与反驳：科学知识的增长［M］.傅季重，纪树立，周昌忠，等译.上海：上海译文出版社，1986：318.

的观察和实验中排除错误（Erasing Error，EE），最后又提出一个新的问题（P_2）。所以，对于整个科学进步而言，可以说每一个问题（P），或者说所有问题（P）都是科学进步中承上启下的关节点。所有的关节点形成了一个个问题链、问题网，进而推动科学的进步。所以，在波普尔看来，科学研究的过程，实质是一个从问题到问题的不断进步的过程。

波普尔曾把问题定义为困难，提出"问题就是困难"[①] 的观点。波普尔坚持认为，"科学只能从问题开始"。[②] 因为人们只有心中有问题，有问题意识，才会在这种"困难"意识的基础上去思考、探究、去实验、去进一步观察和检验。而关于问题与理论的关系，波普尔认为，在科学探索过程中，理论"只不过是解决问题的一种尝试"[③]。因此，按照波普尔所说，理论并不是认识的起点，只有问题才是认识的起点。实际上，返回头看，理论本身就是由问题催生出来的。

总之，波普尔认为，科学就是在从问题到问题的连接中进步的。波普尔在《走向进化的认识论》中指出科学的进步是从问题到问题的进步与深化，"在科学水平上，试探性采用一个新猜想或新理论可能会解决一两个问题。但是它总要引发许多新的问题，因为一种新的革命性理论的作用正如一种新的、有效力的感觉器官。如果这个进步是有意义的，那么新问题的深度就根本不同于旧问题"[④]。

① 波普尔. 走向进化的知识论［M］. 李本正，范景中，译. 杭州：中国美术学院出版社，2001：72.

② 波普尔. 猜想与反驳：科学知识的增长［M］. 傅季重，纪树立，周昌忠，等译. 上海：上海译文出版社，1986：318.

③ 波普尔. 猜想与反驳：科学知识的增长［M］. 傅季重，纪树立，周昌忠，等译. 上海：上海译文出版社，1986：317.

④ 波普尔. 走向进化的认识论［M］. 李本正，范景中，译. 杭州：中国美术学院出版社，2001：165.

第二节 表征性：作为客观知识的科学问题

一、 科学问题的经验基础

逻辑实证主义者对科学哲学的思考源自他们对传统形而上学的反思和批判：一方面，弗里德里希·阿尔伯特·莫里茨·石里克（Friedrich Albert Moritz Schlick）、保罗·鲁道夫·卡尔纳普（Paul Rudolf Carnap）等人打出"拒斥形而上学"的口号。石里克明确区分哲学和科学的不同意义，他在《哲学的转变》中指出，哲学是一种活动体系，是确定或发现命题意义的活动，而非命题体系。而科学问题则不同，科学问题在经验意义上必须是可回答与可证实的，即科学的内容一定属于可证实的经验命题的体系。即"哲学使命题得到澄清，科学使命题得到证实，科学研究的是命题的真理性，哲学研究的是命题的真正意义"[①]。科学的根基在于其经验基础。而传统形而上学往往是超出经验范围的。另一方面，卡尔纳普在《通过语言的逻辑分析清除形而上学》一文中、汉斯·赖欣巴哈（Hans Reichenbach）在《科学哲学的兴起》中均表明了他们"拒斥形而上学"和尝试建立起新科学哲学的决心。逻辑实证主义者通过对传统形而上学的反思，立场明确地划清科学与形而上学的界限。他们认为科学的根本依据是经验基础，科学知识是从感觉经验和观察实验等经验事实中概括出来，并接受经验的检验。

逻辑实证主义者在拒斥形而上学、为科学与形而上学划界时，也提出了对科学问题的哲学思考。卡尔纳普认为，没有任

[①] 洪谦．逻辑经验主义：上卷［M］．北京：商务印书馆，1982：9.

何科学问题在原则上是不能回答的，"提出一个问题就是给出一个命题并提出判定这个命题或者它的否定式为真的任务"①。"问题提出时被给出的语句就被转换为对有关基本关系的某个（形式的和外延的）事实的表达了"②，卡尔纳普认为，基于感觉经验和实验建构出来的所有科学问题在原则上都是可回答的。

总之，逻辑实证主义者确立了科学问题的经验基础，并确认了科学问题是可被提出性与可解答性。

二、 作为客观知识的科学问题

波普尔将包括问题和问题境况在内的知识称为"客观知识"。

"客观知识"的概念是波普尔在其"三个世界"理论中提出的。而"三个世界"理论是波普尔在1967年召开的第三届逻辑方法论和科学哲学国际会议上提出的。"三个世界"的含义顺次为："第一，物理客体或物理状态的世界；第二，意识状态或精神状态的世界，或关于活动的行为意向的世界；第三，思想的客观内容的世界，尤其是科学思想、诗的思想以及艺术作品的世界"③，波普尔尤其重点定义和阐述了包括科学问题在内的"第三世界"。波普尔将"第三世界"概括为"概念的世界，即客观意义上的观念的世界——它是可能的思想客体的世界：自在的理论及其逻辑关系、自在的论据、自在的问题境况等的世界"④；后来，波普尔分别用"世界1""世界2""世界3"，取代

---

① 卡尔纳普. 世界的逻辑构造［M］. 陈启伟，译. 上海：上海译文出版社，2008：329 - 330.

② 卡尔纳普. 世界的逻辑构造［M］. 陈启伟，译. 上海：上海译文出版社，2008：331.

③ 波普尔. 客观知识：一个进化论的研究［M］. 舒炜光，卓如飞，周柏乔，等译. 上海：上海译文出版社，2015：123.

④ 波普尔. 客观知识：一个进化论的研究［M］. 舒炜光，卓如飞，周柏乔，等译. 上海：上海译文出版社，2015：178.

了"第一世界""第二世界"和"第三世界"的称呼①。并对"世界 3"再次做出阐释，"世界 3 是人类精神产物，例如故事、解释性神话、工具、科学理论（不管是真实的还是虚假的）、科学问题。社会结构和艺术作品的世界"②。

在波普尔看来，"世界 3"是客观实在的知识世界，其精髓是科学问题的世界："存在一种柏拉图式的自在的书籍、自在的理论、自在的问题、自在的问题境况、自在的论据等等的第三世界。并且我断言，尽管这种第三世界是人类的产物，但是有需要自在的理论、自在的论据和自在的问题境况从来都没有人提出或理解过，也许永远不会有人提出或理解。"③ 从对波普尔的多篇论著的分析中可知，在波普尔看来，作为"世界 3"客观知识的一员，科学问题及问题境况是客观实在的。科学问题不仅是客观而实在的，而且本身就是知识表征体系的重要组成部分。

第三节　表征主义科学问题观危机

科学问题的表征性，主要是指传统科学哲学从"理论优位"角度出发对科学问题的定义、分类、转换、影响等方面进行探究时，将科学问题作为一种知识体系与真理集合的研究。在这些方面有突出贡献的是波普尔、劳丹、图尔敏和林定夷等学者。

波普尔的问题观是"理论优位"的。他在《客观知识——

---

① 纪树立. 科学知识进化论：波普尔科学哲学选集［M］. 北京：生活·读书·新知三联书店，1987：424.

② 纪树立. 科学知识进化论：波普尔科学哲学选集［M］. 北京：生活·读书·新知三联书店，1987：410.

③ 波普尔. 客观知识：一个进化论的研究［M］. 舒炜光，卓如飞，周柏乔，等译. 上海：上海译文出版社，2015：134.

一个进化论的研究》一书中，将科学问题定义为理论与观察之间的冲突，"科学问题是背景知识中固有预期与它所提出的观察或某种假说等新发现之间的冲突"①。波普尔将问题分为三类："① 因为理论内部不协调而出现的问题。② 因两个理论之间的矛盾而产生的问题。③ 由于理论和观察、实验之间的冲突而产生的问题。"② 与波普尔相似，劳丹"根据科学问题所属的认识层次把科学问题分成经验问题与概念问题"③。两者都看到了科学问题所涉及的实践方面，但是又都把表征主义的科学理论放在先导性地位，没有正确看待介入性的科学实践对科学问题的优先作用。图尔敏在《人类理解》一书中将科学问题定义为理想与能力的差距："科学问题是解释的理想与目前能力之间的差距。即：科学问题＝解释的理想－目前的能力。"④ 在图尔敏看来，科学家通过认识他们目前解释自然界的能力与他们所期望理解的自然界之间的差距，从而明确了科学问题，图尔敏的问题观也是"理论导向"的。

波普尔、劳丹、图尔敏等的科学问题观虽然意识到了科学实践在科学问题中存在着价值，但是他们对科学问题的定义、分类、转换、解决等方面的研究仍然是从"理论优位"角度出发的，尚未意识到科学问题本质上是一个实践性的动态活动过程。

事实上，逻辑实证主义、否证论、历史主义关于科学问题的共同点，是理论优位且表征主义的。他们相似的预设是，"科学问题是以语言为中介而呈现出来的表象构成的，这种表征性

---

① 波普尔. 客观知识：一个进化论的研究［M］. 舒炜光，卓如飞，周柏乔，等译. 上海：上海译文出版社，1987：75.

② 波普尔. 客观知识：一个进化论的研究［M］. 舒炜光，卓如飞，周柏乔，等译. 上海：上海译文出版社，1987：298.

③ 刘文霞. 论科学研究中的"科学问题"［J］. 北京科技大学学报（社会科学版），2003（1）：60－62.

④ 林定夷. 问题学之探究［M］. 广州：中山大学出版社，2016：67.

语言寻求对科学事实与科学理论、科学理论内部以及不同科学理论之间矛盾的如实表征。因为他们共同持有关于科学问题的表征主义立场，可被理解为表征主义的科学问题观"①。

表征主义科学问题观，在理解理论与实践之间没有必然的通道和桥梁。表征主义问题观假定世界和我们之间是彼此独立的，甚至世界独立于我们如何表达它。所以，表征主义科学问题观始终面临着的问题是：我们以及我们的表述究竟应该如何通达被表征的世界？何以实现表征与世界本身的一致性？相应地，对这些理论表象附着物的科学问题的表征何以是恰当的？对逻辑实证主义者与否证论者来说，科学问题就是这些矛盾的如实表征；历史主义突出了科学问题的主体性；科学知识社会学家们突出了社会建构的根本性作用。

因此，表征主义问题观陷入僵局之中。如哈金所说，"我们完全沉迷于表象、思考和理论，以牺牲干预、行动和实验"②。哈金主张的是一种反表象、反表征主义的科学观。他主张的是基于行动的、干预性的介入性的问题观。如何通过表征去把握世界本身？皮克林认为，表征性语言"陷入了关于科学是否恰当地表征了自然的恐惧之中"③。科学哲学家将科学问题看作是以语言为中介而呈现出来的表象，这种表征性语言寻求对科学事实与科学理论、科学理论内部以及不同科学理论之间矛盾的如实表征。然而，他们却共同陷入了科学问题是否恰当地表征了这些矛盾的僵局之中。因此，我们确实需要在实践视角下从介入性角度来理解科学问题，从而获得关于科学问题的全新认识。

---

① 时宏刚. 科学问题观的实践转向研究：以 LIGO 引力波探测问题为例［D］. 南京：东南大学，2020.

② 哈金. 表征与干预：自然科学哲学主题导论［M］. 王巍，孟强，译. 北京：科学出版社，2011：104.

③ 哈金. 表征与干预：自然科学哲学主题导论［M］. 王巍，孟强，译. 北京：科学出版社，2011：5.

第三章　科学实践哲学视阈下问题的介入性

　　传统科学哲学对科学问题的研究，集中在对科学问题进行表征性的理论体系构建上，忽略了科学实践的作用和意义。在科学实践哲学视阈下，我们将科学问题理解为地方性和介入性的实践活动，从而认为科学问题的产生、分解、转换、解决等实质上都是实践性的，而非表征性的。故而，本书主张在科学实践哲学视角下建构实践优位的科学问题观。

第一节　科学实践哲学视角

一、科学实践哲学概况

　　科学实践哲学是 20 世纪 90 年代兴起的一种从实践视角研究科学哲学的自然主义进路的哲学研究方式。

　　与科学实践哲学相对应的是传统科学哲学。从科学实践哲学的观点来看，我们可以把 20 世纪初以来产生的科学哲学称为"传统科学哲学"。在传统科学哲学中，按照历史进程可以分为逻辑主义和历史主义两大阶段。逻辑主义的特点是将理论理性与实践理性分而论之，并认为科学是建立在理论理性的基础之上。其中最典型的是逻辑实证主义，认为理论理性、逻辑推理，甚至数学方式是研究哲学与科学的唯一途径。而历史主义的科学哲学家虽然否定了逻辑主义理论与实践相分离的研究思路，但也未完全实现理论理性与实践理性的整合，从而使历史主义的科学哲学研究不免走向相对主义。

20 世纪 90 年代兴起的科学实践哲学的主要代表人物是美国哲学家约瑟夫·劳斯（Joseph Rouse）。科学实践哲学采取一种自然主义的哲学方向，把科学活动看成人类文化和社会实践的一种特有形式，从而把理论理性与实践理性相结合。

科学实践哲学的观点主张，"科学不仅为我们的生活世界制造出更新、更好的表象，它还以深刻的方式改造着世界和我们自身"①。劳斯特别地强调知识与权力的关系，他认为这也是研究科学实践哲学的必要性之一。劳斯认为，知识和权力的常识概念不足以理解科学实践的这些层面，因此，必须对它们加以修正。他主张："以这样的方式重新构想知识和权力使得我们能够看到，科学之于文化和政治的不可或缺性的以及政治问题之于科学的核心地位，远远超出了大多数科学家和哲学家所认可的程度。"②

以劳斯为代表的科学实践哲学，其突出特点是强调科学的实践性、情境性、地方性、介入性特征，批判了实证主义科学观的宏大叙事，但他同样认为社会建构论从一定意义上讲仍然属于宏大叙事的框架。因为在社会建构论者看来，社会因素是科学实践最终得以被解释的普遍性背景，事实上"并没有走出

---

① 劳斯. 知识与权力：走向科学的政治哲学［M］. 盛晓明，邱慧，孟强，译. 北京：北京大学出版社，2004：1.

② 劳斯. 知识与权力：走向科学的政治哲学［M］. 盛晓明，邱慧，孟强，译. 北京：北京大学出版社，2004：1.

宏大叙事的整体性解释的偏好"。

科学实践哲学最突出的特征：（1）反对表征主义、反对理论优位，强调科学除了是知识，更是一种实践活动，是人类介入自然和社会的实践活动；（2）强调一切科学知识都是地方性知识（local knowledge），反对普遍主义的知识观；（3）反对知识与权力两分观，揭示了知识与权力内在联系；走向科学政治哲学或政治化的科学哲学（political philosophy of science）；（4）反对现代化，提倡后现代化。

总之，科学实践哲学强调科学知识的实践意义、权力意义、文化意义。在这几点特征中，科学实践哲学最突出的主张是地方性知识观。"科学实践哲学认为，科学知识及其活动一定是地方性的，这表现在所有的科学知识都产生和需要：特定的实验室、特定的研究方案、特定的地方性共同体、特定的研究技能"①。这些要素均属于空间的异质性要素。这一点也是本书主要着力研究之处，在后文"科学问题的地方性"及"科学知识的空间书写"中将加以深入探讨。

二、 科学问题的实践来源

科学问题来源于实践。

科学问题主要来源于科学实践和社会实践。从科学实践中提出的科学问题是科学自身发展中的问题，主要是为获得现象和可观察事实的基本原理，对事物的特性、结构和相互关系进行分析而产生的问题，大概根据问题的内容可分为经验问题和理论问题；从社会实践中提出的科学问题是一些技术性或者实用性的问题，往往产生于从生产和实际生活的需要中提出某种特定的目标。而

---

① 吴彤. 走向实践优位的科学哲学：科学实践哲学发展述评 [J]. 哲学研究，2005（5）：86－93.

向科学征询实现它的可能性并把这种可能性转化为现实性，或者为了确定基础研究成果的可能用途而探索它的现实性或如何实现的问题。科学问题源于实践，通常是在无法给事实以理论的解释时提出的。一旦发现已有理论不能解释或解决的事实和需求，已有理论的预测不符合观测的事实，也就出现了有待解决的疑难问题。这是在实践过程中出现的理论和实践之间的差距和矛盾。

探求发现科学问题的主要途径，重点在于考察理论与事实之间以及各内部之间的矛盾组合。大体可以分为四种，其中前两种属于理论自身中的，第三种属于与事实相互矛盾中的，最后一种是理论与事实交织矛盾中的情形。

1. 从科学知识体系内部的逻辑谬误或佯谬中发现问题。科学理论是人们在一定时期、一定条件下认识的成果，因而，理论可能由于人们当时认识的局限而在体系内部产生逻辑困难。从某一理论的定义、原理、定律或前提出发，经过严密的逻辑推理，如果最终得到的结论与该理论相矛盾，或者该理论的不同部分在同一对象上产生分歧，甚至相互否定，那就表明其中存在需要进一步探讨的问题。科学中的"佯谬"或"悖论"通常是指虽然前提正确，逻辑推理也正确，但得出的结论却与前提违背或与常识相反的情形。这些佯谬悖论意味着危机，也意味着新的问题和新的发现即将出现。

2. 从不同学派理论之间的矛盾中发现问题。在科学发展过程中，对同一对象可能存在相互竞争的理论；对同一理论也可能存在不同的学说，而这些学说之间是相互矛盾的。这些相互矛盾的学说或理论有时甚至完全对立、相互排斥。科学史上的"盒子"比比皆是，如关于燃烧本质的燃素说与热质说，地质形成原因的灾变论与渐变论，岩石成因的水成论与火成论等等。理论之间的矛盾也是发现问题和寻找解决办法的重要来源。

3. 从经验事实相互协调统一的矛盾中发现问题。寻求经验事实之间的联系并给出统一解释，既是科学活动的基本目标，也是科学问题产生的最基本途径，又是建立科学理论或假说的最基本的出发点。当新的实验事实无法被旧理论容纳时，就要反思原理论的问题了，而此时恰恰也是新问题最容易产生的时候。

4. 从科学新经验事实和原有理论的矛盾中发现问题。所有作为背景知识的科学理论都是假说，是试探性地对经验现象的解释和预言。在科学实践中，新事物、新现象层出不穷，当用原有的旧理论无法解释它们时，就产生了矛盾和冲突。在一定条件下，这样的矛盾就可以成为科学问题。例如，黑体辐射、光电效应等新的实验事实与经典物理学的能量连续理论不相容，由此引出的科学问题导致了量子论的产生。

第二节　在文化变迁中理解科学问题①

传统科学哲学将科学看作一种在真实可靠的观察与实验基础上对自然界状况的如实反映的知识体系，仅在科学的内部发展逻辑上探究科学问题的静态结构、动态演化以及价值评价，忽视了社会和文化因素等外部因素对科学问题及科学活动的影响。与传统观点不同，爱丁堡学派的巴里·巴恩斯（Barry Barnes）反对将科学理解为真实信念体系的一种范式，科学作为一种被接受的信念不具有超然于社会学审视的特殊地位，对科学的社会学研究是文化社会学中一个典型的专业领域。巴恩斯将科学作为一种文化系统，考察人们如何在社会和文化背景中理解、接受、维持和改变知识，这种做法使得他没有对科学问题的组织和分布提出非常明确的观点。但是，巴恩斯在其观

---

① 本节参见本人指导的硕士学位论文：时宏刚. 科学问题观的实践转向研究：以 LIGO 引力波探测问题为例［D］. 南京：东南大学，2020，有修改。

点体系中吸收运用了库恩"范式"的第二种意义，即"解难题的模型和范例"来探究科学文化的变迁活动及其因果解释等问题。从此出发，我们亦可探究巴恩斯对科学问题的理解。

一、 在文化变迁中理解科学问题

巴恩斯通过对"范例"的说明凸显了科学问题在科学社会化中的重要地位。巴恩斯认为，科学训练是科学社会化的基础，而"科学训练的环境，构成了一个把模型、典型程序和技能结合在一起才有意义的互联体系"①。在科学训练中，学生主要获得的"不是一幅世界的图景或理论图式"②，而是范例。范例就是按照典型程序解决问题的实践。通过学习范例掌握解题能力、技能以及某种模型，学生能够掌握某类科学知识，并具备类似的思维方式和行动，成为他们在科学共同体中交流与合作的基础，促进了科学共同体的发展壮大；同时，科学共同体的内部分层使得科学更加专业化与职业化，使得科学日益成为重要的社会事业，成为一个高度自主的亚文化系统。

因此，在巴恩斯看来，在社会学和史学材料基础上理解科学文化的本质，寻求对科学文化变迁的说明，关键在于理解科学中隐喻的扩展和变迁。在科学文化中，"理论是人们创造出来的一种隐喻，创造它的目的，就是要根据我们所熟悉的、已得到完善处理的现有文化，或者根据新构造的、我们现有的文化资源能使我们领会和把握的陈述或模型，来理解新的、令人困惑的或反常的现象"③。因此，科学文化的变迁实际上就是尽可

① 巴恩斯. 科学知识与社会学理论 [M]. 鲁旭东，译. 北京：东方出版社，2001：91.

② 巴恩斯. 局外人看科学 [M]. 鲁旭东，译. 北京：东方出版社，2001：96.

③ 巴恩斯. 科学知识与社会学理论 [M]. 鲁旭东，译. 北京：东方出版社，2001：69.

能地利用、扩充和发展某种陈述或模型来理解新现象、解决新问题的过程。人们是以隐喻和比较的方式运用解难题的模型的，而科学家不仅能够比较模型之间的相似性，而且能够在采用新模型后对可获得的文化资源进行持续增长的运用，还能够改变大家对已认可概念的使用模式。这样，科学就是科学共同体根据相当的文化资源，利用或扩展独特的范例和模型，推进对新的或反常的问题的隐喻式的重新描述的活动。

既然科学是拓展模型解决问题的活动，那么影响科学家选择或拓展不同模型以解决问题的因素有哪些？巴恩斯认为，存于科学之中的文化的总体资源对科学有着决定性的作用。对于模型的最初选择或构造以及它的制度化，可能有两种方式与社会环境有关。"第一，行动者在其中工作的环境和领域具有这样一种功能，即储备可获得的文化资源。第二，什么可以算作是普遍认可的知识的一部分，或者，算作一种普遍认可的判断标准，还是要取决于这个环境，而且可能还要取决于行动者们的社会角色以及他们所隶属的群体所关心的事物和群体利益"①。

为了应对人们对利益决定模式的批评，巴恩斯后来采取了有限论的策略说明科学活动中的筑模过程。巴恩斯认为，可在类比和直接筑模（modelling）的基础上将科学知识的增长理解为一个问题到下一个问题的运动，这样理解下的科学活动的筑模过程是一种与社会与文化因素相联系的有限论的说明，即"（1）范例的未来性应用是开放性终结的；（2）不存在任何一个案例的应用/案例的扩展具有不可修改的正确性；（3）所有现存的范例的地位都是可以改变的；（4）一个理论的范例的后继使用

---

① 巴恩斯 . 科学知识与社会学理论［M］. 鲁旭东，译 . 北京：东方出版社，2001：200.

不具有自身的独立性；（5）不同理论的范例的使用不具有相互独立性"①。因此，科学的筑模过程实际上就是一种充满着科学家目标和利益的偶然性的活动。实际上，相较于利益决定模式，巴恩斯的有限论策略对科学活动变化的外部因素解释的强度较弱了一点。巴恩斯认为，"目标和利益有助于解释作为目标导向或利益行为的特定结果的特点变化。它们并不能充分解释行动的原因，……但它们的确是导致行为的原因，如果不涉及它们，相关的行为将无法得到解释"②。因此，巴恩斯在较弱意义上说明目标和利益对科学活动的影响。

综上，在巴恩斯这里，对科学问题的研究能否展开，新的解难题的范例和模型能否拓展不再是仅仅决定于人类已有的理论与新的经验问题之间的矛盾、科学理论之间的不自洽或不同科学理论之间的矛盾等，而是取决于当下的文化资源、利益等各种社会因素。因此，科学问题的解决和发展一定意义上依赖社会建构。

二、 科学问题与事实建构

与巴恩斯等人在宏观视角探究科学问题的解决和发展对科学文化变迁和扩展的重要作用不同，实验室学派的布鲁诺·拉图尔（Bruno Latour）主张利用"民族志"的方法，深入实验室考察科学家是如何生产科学事实的。为此，拉图尔深入萨尔克研究所考察诺贝尔奖生理学奖获得者吉耶曼教授领导下的科研小组的科学研究过程，并分析了实验室中科学事实微观建构的过程。拉图尔首先关注到实验室成员间的交谈与协商影响着他

① 巴恩斯，布鲁尔，亨利. 科学知识：一种社会学的分析［M］. 邢冬梅，蔡仲，译. 南京：南京大学出版社，2004：129.

② 巴恩斯，布鲁尔，亨利. 科学知识：一种社会学的分析［M］. 邢冬梅，蔡仲，译. 南京：南京大学出版社，2004：150.

们对于自身所关注的问题的认识。拉图尔在此区分了四种交流类型：交流已知的事实，交流操作、技术问题，交流理论问题，交流对其他研究者的看法。拉图尔认为，实验室成员间对已知事实的交流"有助于重新发现与当时所关注的问题有关的实践、论文和过去的想法"①，对理论问题的交流影响着实验室成员对于科学问题的认识与研究的调整。在拉图尔看来，实验室成员间的交流影响着他们对所关注的问题与兴趣的评估，这些评估影响着他们的研究。正是在这个意义上，科学陈述是从社会的角度建构起来的。另外，在对"思维过程"的社会学分析中，拉图尔用萨拉研究水中硒含量与癌症关系程度的例子，说明一个有研究意义的科学问题并非来自科学家独自思考时的"灵光一闪"，而是包含着"制度的必要性、科研小组的传统、研讨会、建议和讨论等等"②。进一步地，当拉图尔将目光转向科学家开展职业的方式时，他发现了科学家在追求可信性中进行知识生产的循环模式。正如投资者通过资本循环扩大再生产，科学家通过可信性的循环解决科学问题，进行科学知识的生产活动。拉图尔认为，"可信性的概念使得金钱、数据、权威、资料、需要解决问题的领域、论据和论文之间的转换成为可能"③。因此，在可信性的循环中，重点不是探究科学家基于何种动机解决科学问题、生产科学论文，而是无论何种动机，他们就已经身处这个可信性的循环之中了。

在《科学在行动：怎样在社会中跟随科学家和工程师》一书中，拉图尔对科学活动的过程做了进一步探究。拉图尔大量

---

① 拉图尔，沃尔加．实验室生活：科学事实的建构过程［M］．张柏霖，刁小英，译．北京：东方出版社，2004：144.

② 拉图尔，沃尔加．实验室生活：科学事实的建构过程［M］．张柏霖，刁小英，译．北京：东方出版社，2004：154.

③ 拉图尔，沃尔加．实验室生活：科学事实的建构过程［M］．张柏霖，刁小英，译．北京：东方出版社，2004：189.

使用了"黑箱"（black box）的概念，即已经被承认的科学事实、科学理论等等。拉图尔认为，科学研究就是不断打开黑箱并固定黑箱的过程。何种有关问题的事实陈述以怎样的方式被他人认同并被大量的研究最后固定成为被认可的黑箱，取决于行动者的行动："处在问题中的人们有可能完全停止对该问题的讨论，或者如其所是地把它接受下来，或者转换它的模态，或者修改陈述，或者把它挪用到另一种完全不同的语境中去"①。使得事实的建造成为可能，首先需要"吸收他人的参与，从而使他们加入事实的建构"②，这个策略即是"转译（translation）"，即"由事实建构者给出的、关于他们自己的兴趣和他们所吸收的人的兴趣的解释"③。在拉图尔这里，兴趣（interests）可被理解为行动者为了解决其问题、达成其目标而在大量可能性之中的倾向性。拉图尔给出了五条关于兴趣的转译策略，这些策略有助于巩固同盟者的要塞，使得行动者的话语从弱修辞走向强修辞。

综上，在拉图尔看来，在实验室的微观层面上，科学问题的生成与解决受到各种社会因素的影响，科学研究就是在可信性循环中解决科学问题的过程；在进一步的研究中，拉图尔将科学活动当作研究科学问题以打开知识黑箱的过程，行动者使用转译兴趣的策略获取同盟者，以使受关注的陈述更加坚固。

---

① 拉图尔.科学在行动：怎样在社会中跟随科学家和工程师［M］.刘文旋，郑开，译.北京：东方出版社，2005：177.
② 拉图尔.科学在行动：怎样在社会中跟随科学家和工程师［M］.刘文旋，郑开，译.北京：东方出版社，2005：184.
③ 拉图尔.科学在行动：怎样在社会中跟随科学家和工程师［M］.刘文旋，郑开，译.北京：东方出版社，2005：184.

第三节　科学实践哲学的问题观

　　波普尔等人的科学问题观侧重于科学问题的理论负载性，尚未揭示出科学问题的本质属性。然而，科学理论与科学实践不能截然分开，应在科学实践哲学视阈下，从"实践优位"角度对科学问题进行深层研究。

　　与传统科学哲学侧重科学理论不同，劳斯通过吸收与借鉴库恩、海德格尔（Martin Heidegger）、福柯（Michel Foucault）等人的观点，侧重从科学实践的角度强调科学知识的地方性和情景性特征，"从根本上说科学知识是地方性知识，它体现在实践中，这些实践不能为了运用而被彻底抽象为理论或独立于情境的规则"①。当然，劳斯并没有否认理论在科学知识的发展中的价值："我还不至于愚蠢到否认理论和规律在科学知识的发展和转移中具有至关重要的作用；我只是主张，我们需要重新理解这种作用。理论和规律是在具体的实例中，并通过这些实例得以理解的；抽象的形式只有在特定的用法中才有意义，接着用法又会被'转译'，从而使在不同情景中的重复或改变成为可能。"② 在《知识与权力——走向科学的政治哲学》一书中，劳斯吸收了库恩的"范式"概念和海德格尔"实践解释学"（Practical Hermeneutics）的主张，认为科学知识的本性是地方性。劳斯认为："我们从一种地方性知识走向另一种地方性知识，而不是从普遍理论走向其特定例证。"③ 劳斯"实践优位"的知识观打破了"理论负载"观点局

---

　　① 劳斯. 知识与权力：走向科学的政治哲学［M］. 盛晓明，邱慧，孟强，译. 北京：北京大学出版社，2004：113.

　　② 劳斯. 知识与权力：走向科学的政治哲学［M］. 盛晓明，邱慧，孟强，译. 北京：北京大学出版社，2004：21.

　　③ 劳斯. 知识与权力：走向科学的政治哲学［M］. 盛晓明，邱慧，孟强，译. 北京：北京大学出版社，2004：77.

限性，赋予知识以"地方性"的意味。

科学问题是科学知识的表现形式之一，在科学发展的过程中，科学问题的产生、转换与解决推动科学知识的发展与进步，促进了科学研究进程。科学问题"是科学研究的真正的灵魂，贯穿于科学研究的始终。科学研究从问题开始，问题推动研究，指导研究；研究固然是为了解决问题，但同时也是发掘出更深入的问题。……因此，从这个意义上，可以说，自然科学发展的历史，就是它所研究的问题发展的历史，是问题不断展开和深入的历史"①。因此，从科学实践哲学的视阈下对科学问题进行实践性、介入性和情景性研究有着重要的价值。同科学知识具有不可磨灭的"地方性"品格一样，科学问题也蕴含着稳固的"地方性"特征，甚至从根本上生产着"地方性"知识。科学问题的实践性特质只有在实践中进行分析、转换和解决，从而塑造"地方性"知识时方能确立。而实验室场所就是重构科学问题，使得科学问题的知识性特征得以建构的特殊情境之一，"科学研究是一种介入性的实践活动，它根植于对专门构建的地方性情境（典型的是实验室）的技能性把握"②。

在科学实践哲学视阈下，反对表征主义的科学问题观，明确科学问题同科学知识一样都是介入性的实践活动，且拥有"地方性"特征，在实验室这一特殊场所进行实践性构建，科学问题不是表象性、理论化的知识，而是操作性、实践性的介入科学研究的方式。将科学问题的实践性特征进一步向前推进，就有必要向劳斯研究"知识与权力"的关系一样，对科学问题与权力的关系进行实践性探究。

① 林定夷. 怀疑、问题与科学研究 [J]. 曲阜师院学报（自然科学版），1984（3）：85 - 92.

② 劳斯. 知识与权力：走向科学的政治哲学 [M]. 盛晓明，邱慧，孟强，译. 北京：北京大学出版社，2004：124.

第四章 生成论视阈下科学问题的生成与进化

科学问题对于科学演进的历程以及科学知识的增长都非常重要。本章以科学问题的生长形态①为主要研究对象，探讨科学知识在问题系统②自组织的运动形式下生成和进化的机制。基于问题本身的生成性、涌现性和科学发展的自组织性，笔者主张在生成论视角下看待问题系统的生成与进化。

第一节 生成论视角

"科学研究始于问题。"③

科学问题，不论是对于科学家，还是对于科学知识的增长都非常重要。然而，传统科学哲学在对问题本身及对问题的哲学探索方面非常薄弱。科学问题学对问题的研究包括静

---

① 本书所谓"科学问题的生长形态"，主要是指科学问题的组织模式、选择机制及其增长方式等。

② 问题系统，是本书重点提出和探讨的一个概念。本书认为，科学知识是在问题系统的自然选择，以及问题系统进化的基础上增进的。

③ 波普尔．猜想与反驳：科学知识的增长 [M]．傅季重，纪树立，周昌忠，等译．上海：上海译文出版社，1986：86.

态和动态两个维度。静态的维度包括：问题的定义、问题的实质、问题的形式、问题的逻辑结构、问题的评价等；动态的维度包括：问题生成的起点、问题进化的路径、问题进化对科研转向或对科学革命的影响机制等。科学问题学对问题的研究既包括从科学史的角度探究问题本身所包含的科学内容，还包括从以上诸维度对科学问题进行哲学探索。本章从动态的维度，在生成论视角下研究科学问题及问题系统的自组织发展模式。

生成论是一种世界观，也是一种方法论，其对立面是构成论。我们用生成论的眼光看到的世界图景可能与用构成论眼光看到的完全不同，而用两种方法揭示出的宇宙秩序也可能大相径庭。从构成论到生成论是认识论的革命，正如库恩所说："革命之前科学家世界中的鸭子到革命之后就成了兔子。"[①] 构成论认为，事物发展变化的原因在于其组成成分的变化，诸如原子等要素的排列状态或运动状态决定的，世界的本质就是原子在空间上的离散与聚合。在这种视角下，整体等于部分的线性叠加，所以可以用还原论和分析法来研究。生成论认为，事物发展变化是一个产生和消逝不断交替的演化过程，强调自组织、不可逆和非线性；生成论主张叠加原理失效，强调整体把握。正如恩格斯（Friedrich Engels）所说："自然界不是存在着的，而是生成和消逝着的。"[②] 与构成论不同，生成论研究世界及事物的演化时格外强调生成性、时间性、过程性、整体不可分割的非线性与复杂性；在研究方法上，生成论抛弃了线性叠加和因果决定论，注重研究系统的条件和性状、开放和转化、涌现

---

① 库恩. 科学革命的结构：新译（精装版）［M］. 张卜天，译. 北京：北京大学出版社，2022：166.

② 恩格斯. 自然辩证法［M］. 中共中央马克思恩格斯列宁斯大林著作编译局，译. 北京：人民出版社，2015：15.

和突变、演化和分岔等。①

科学问题的产生与发展是一个动态过程。如图尔敏认为的"科学问题＝解释的理想－目前的能力"②；波普尔认为"一个问题就是一个困难，而理解问题就在于发现困难和发现困难在哪里"③。可见，"问题的产生与作为发现者和问题思考者的主体—人—的智能活动过程密切相关，并且与问题主体意识中的目标状态密切相关。这两个特征，使问题的形成和发展具有了上述生成论的特征，即科学问题的产生和发展具有生成性、过程性、涌现性"④。

所以，笔者主张研究科学问题的生成模式及演化进路，应该用生成的眼光。

自 20 世纪以来，尽管科学哲学有了长足的发展，但关于"问题"的理论研究，仍然是十分薄弱的。这种薄弱的状态与"问题"在科学研究中的灵魂作用是不相称的。尽管问题的形成和解决是科学研究的真正核心，但迄今为止，科学家还很少从哲学角度研究科学问题的实质、结构和关系等内容。从不同角度对科学"理论"研究的著述汗牛充栋，但对"问题"的研究却很少。这也是科学哲学长期以来的"理论导向"（theory-oriented）之研究倾向，即仅以理论为研究对象的倾向。问题学认为，现在是时候用"问题导向"（problem-oriented）⑤ 方式对

---

① 刘敏. 生成的逻辑：系统科学整体论思想研究［M］. 北京：中国社会科学出版社，2013：162.

② TOULMIN S. Human understanding［M］. Princeton，N. J.：Princeton University Press，1972.

③ 波普尔. 客观知识：一个进化论的研究［M］. 舒炜光，卓如飞，周柏乔，等译. 上海：上海译文出版社，1987：192.

④ 刘敏. 生成论视阈下科学问题的超循环发展模式［J］. 系统科学学报，2015，23（1）：24-27，39.

⑤ NICKLES T. Scientific discovery：logic and rationality［M］. London：D. Reidel Publishing Company，1978：34.

科学哲学进行矫正了。

从动态的角度研究问题学，我们应该建立一个"问题系统"的概念。问题系统，是指在同一研究领域内，由某一"元问题"所引发的一系列相互关联、相互作用的问题链所形成的问题群。而问题的组织形式和生长形态包括：元问题、子问题、问题链、问题网、问题群等。以上形态共同组成了不同层次的问题系统。在生成论视阈下，问题并不是一个静态的、部分构成整体的组合，问题与其衍生问题之间的关系也不是线性叠加和直线推导的关系，而是一个自组织的过程，从元问题到问题系统，是一个自组织的生成、演化的过程。其间充满了转化、涌现、突变、演化和分岔等变化。科学问题的生成、演化过程符合超循环模式。

第二节　科学问题的超循环进化模式①

循环是一种普遍的自然现象。四季更替、花谢花开、日升月落、天体旋转、生态系统嵌套更迭等无不是周而复始的循环运动。循环是问题系统存在的形式，也是问题系统发展的形式。

一、超循环理论的分析框架

超循环理论（Hypercycle Theory）是德国化学家曼弗雷德·艾根（Manfred Eigen）于 20 世纪 70 年代创立的，是从生命起源和生物大分子进化机制研究中得出的一种具有普适性的自组织理论，艾根以此斩获诺贝尔化学奖。艾根认为，生命信

---

① 本节原文发表于：刘敏. 生成论视阈下科学问题的超循环发展模式［J］. 系统科学学报，2015，23（1）：24-27，有修改。

息的起源是一个符合超循环形式的分子自组织过程。这一理论由对自然界演化的自组织原理的揭示，到后来被用来探讨社会及思维领域中的自组织现象。本章以此理论揭示科学问题的生成演化形态。

所谓超循环，即由循环组成的循环、嵌套着循环的循环。按照艾根的理论，我们可将超循环模式概括为低到高三层嵌套循环：

（1）反应循环。如果在一个反应序列中，每一步的产物都是前一步的反应物，我们说这个反应序列就构成反应循环。在分子进化的整体过程中，反应循环相当于一个催化剂，在循环中再生着自身，即自产生的过程。

（2）催化循环。只要在反应循环中存在一种中间物能够对反应本身进行催化，这个反应循环就成了催化循环。催化循环在不断地自复制的过程中成就着循环本身。

（3）超循环，是由催化循环组成的循环，是更高级的循环，即循环的循环。在超循环体系中存在着子系统之间通过竞争而形成协同的效应。

显然，以上三个层次的循环①在等级上是逐级升高的。可以说是简单的反应循环构成催化循环，而若干催化循环构成更为高级的超循环。艾根明确指出："超循环是通过循环关系联结多个自催化和自我复制单元构成的系统。"② 如图1（a）所示，超循环中的 I_1 到 I_n，是自复制单元的中间物，它们自身就是具有双重功能的催化循环。一方面能够提出自身复制的指令；另一方面又能为下一中间物的复制提供催化支持。同时，超循环又是一种自复制循环，如图1（b）所示，每一个自复制单元本身又是催化

---

① 艾根，舒斯特尔. 超循环论［M］. 曾国屏，沈小峰，译. 上海：上海译文出版社，1990：12-17.

② 艾根. 关于超循环［J］. 自然科学哲学问题，1988（1）：74-78.

循环。可见，超循环必然是二级或二级以上的催化循环。

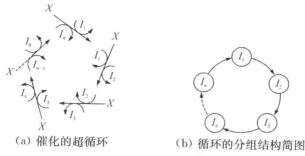

（a）催化的超循环　　（b）循环的分组结构简图

图1　超循环模型[①]

超循环理论证明了自然界进化实质上是一种生成的过程，即事物发生、生长直至完成的过程。这个过程是一个整体性过程，不论是形式上还是内容上都不是线性叠加而来的，具有整体不可分割性。这种超循环生长最终必然形成复杂的非线性网络。"而从达尔文的生物进化论，到艾根的超循环，科学对进化的认识从突变点的突现现象扩展到从微观到宏观的全过程，揭示出贯穿所有层次而生成整体的普遍基本法则。"[②]。超循环理论作为系统科学的一个组成部分，对研究系统演化规律、系统自组织方式以及对复杂系统的分析具有重要启示。

在科学问题生成和拓展的过程中，信息量的积累和提取不可能在一个单一的不可逆过程中完成，而是由多个不可逆的循环过程嵌套与耦合而形成的。笔者认为，某一科学领域的发展就是在问题系统推动下的高度自组织的超循环发展结构。

二、科学问题超循环的发展模式

纵观科学史，我们不难发现科学发展中循环现象比比皆是。

①　艾根，舒斯特尔．超循环论［M］．曾国屏，沈小峰，译．上海：上海译文出版社，1990：17.

②　参考李曙华．当代科学的规范转换：从还原论到生成整体论［J］．哲学研究，2006（11）：89-94.

在科学发展模式的研究中，"循环"观就是其突出的特点：波普尔的证伪主义模式是从"问题"出发，终止于"问题"；库恩的科学革命模式从"常规科学"起，到"新常规科学"止，皆为循环形式。"如果在科学发展的某些循环过程中的环节上又存在着循环（即自循环），该循环过程就可以称为'超循环'"①。无论是波普尔的"问题"还是库恩的"常规科学"，内部都不是风平浪静的直线发展，都存在不同程度的循环。

问题的发展不是直线累积，科学问题的产生渠道和拓展模式都显示出超循环特征。科学研究始于问题，因为问题本身代表并呈现为一个"谜"的存在，科学研究就是在谜题之"立"与"释"的过程中曲折向前、循环前进的。科学问题由于多种原因而出现，在经历观察、实验、假说、理论之后，最终又衍生出新的问题，从表面看这是一个循环过程，然而这个循环并非一个简单的线性循环，而是一个生长着的、充满层次跃迁的、嵌套着循环的循环，即超循环。如下诸图所示。

1. 问题的反应循环

问题是科学研究的起点。产生问题的土壤包括许多因素，诸如直接的观察、经验与原有理论的矛盾，同一理论体系内部的逻辑矛盾，不同学科理论对同一现象的不同解释之间的矛盾等。但矛盾的出现并不意味着"问题"本身的形成，从矛盾中准确提炼出有效的科学问题还要经历一个从粗糙到精确、从现象到语言的提纯过程，这本身就是问题自身形成过程的一个反应循环。图 2 是问题形成时的一个简单的反应循环图示。

其中，S 表示问题产生前的粗糙状态（我们可以称之为"问题意识"阶段），E 和 L 分别表示经验与逻辑，二者作为催化

① 沈小峰，吴彤，曾国屏. 自组织的哲学：一种新的自然观和科学观［M］. 北京：中共中央党校出版社，1993：338.

剂，与问题意识 S 结合，并不断相互作用，最终促成反应物 P（问题）的形成。这是问题形成过程中的一个简单的反应循环示例（实际中的情况会更复杂，但机制同图所示）。

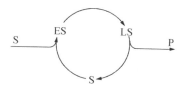

图 2　问题的反应循环：问题自产过程

（S：问题意识；E：经验；L：逻辑；P：新生成的问题形态）

这个反应循环本身相当于一个催化剂，在循环中不断再生着自身。表现为问题意识在经验与逻辑等的检验和催化下经过不断的提纯，以确立真问题，甄别和剔除无效问题、假问题和伪问题的过程。

2. 问题的催化循环

有效而表述精确的科学问题一旦确立，会成为下一个循环的起点。图 3 是催化循环过程中的一个简单图示。P 表示经历反应循环后确立的符合规范的、"科学的"问题，E 表示经验，L 表示逻辑，H 表示假说，T 表示理论。科学家们依据问题提出假说，假说多数情况下只是对一个问题的解的可能性猜测。假说将要经历观察、实验等经验的检验，直至最后蜕掉假定性外壳而演化为成熟的理论。理论的确立是对问题的回答（或证实、或证伪了问题）。从问题的确立到对问题的回答——理论的形成，

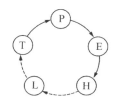

图 3　问题的催化循环：问题检验过程

（P：问题；E：经验；H：假说；L：逻辑；T：理论）

是循环层次的跃迁，实现了问题自循环基础上更高一级的循环。

3. 问题的超循环

理论作为对问题的解答，形成之后自身并非不再运动，而是在新的经验事实的推动下与本领域不断涌现的新问题互动、互摄等作用下进一步推动研究的深入。自然界自身处在不停演化的过程中，随着新发现的不断涌现，总会出现一些原有理论解释不了的"反常"现象。这种反常与矛盾的存在会促使科学家提出新的问题，继而提出新的假说、新的理论，从而使得问题循环的层次不断跃迁，实现了从问题到问题的多重循环在嵌套中生长（如图 4 所示）。

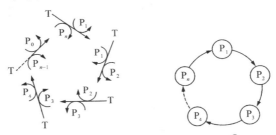

图 4　问题的超循环：问题系统形成[①]

（P_n：不同状态下的问题；T：理论）

图 4 示意了科学发展过程中问题系统的超循环发展模式。事实上，在问题发展的每个层次几乎都有超循环现象的存在。从以上分析可见，如果我们把问题生成的过程看作一个反应循环，把从问题的提出到理论形成后问题的解决看作一个催化循环，那么，从问题最初提出到由于反常的出现而提出更高层次的问题，这个过程无疑就是一个超循环。图 5 表示科学问题形成层次的超循环图式，P 表示元问题，E 表示经验检验，L 表示逻辑，H 表示假说，T 表示理论。

---

① 艾根，舒斯特尔 . 超循环论［M］. 曾国屏，沈小峰，译 . 上海：上海译文出版社，1990：17.

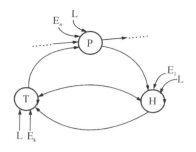

图 5　科学问题生成层次的超循环

（P：元问题；E：经验；L：逻辑；H：假说；T：理论）

如图 5 所示，科学问题生成过程中的任何一个节点都不可能孤立存在：问题在生成假说的过程中要接受逻辑和经验的检验，还要以原有理论为基础；假说的提出不但要与逻辑和经验相符，还要具备走向理论的预设性和指导性；等等。

4. 科学史中的问题超循环发展案例

我们以发生在 16、17 世纪的经典力学革命的过程为例，简要分析科学问题自组织超循环发展模式对科学知识的推进。众所周知，成就牛顿理论的"巨人的肩膀"包括开普勒对天体运动问题的思考、伽利略对地上物体运动问题的思考、胡克对引力与距离关系问题的思考、惠更斯对向心力问题的思考与认定等等，以上一系列问题的提出、思考和解决，层层相继，环环相扣，成就了牛顿万有引力定律的发现。万有引力定律出现并不代表着经典力学体系的确定与被承认，后续如果不是哈雷成功地预测了彗星，赫舍尔偶然发现天王星及天王星的反常运动问题引起人们的思考，促使年轻的天文学家勒维烈认定和计算出天王星是被它附近的另外一颗行星——海王星所干扰，从而宣布了太阳系的第八颗行星的存在等一系列问题对万有引力公式的验证，牛顿力学也许不一定能得到承认。而牛顿力学若不能获得承认，经典力学体系的建立也将存有悬疑。

　　以上每个问题的形成本身就是一个不断循环的"提出问题—解决问题"的过程，而这些看似各自独立的循环在自组织的作用机制下形成了一个大的超循环，最终促成一个根本问题的解决，同时成就一个学科的确立。然而经典力学体系的建立并不表明物理学领域问题的终结，它与其后 300 年间自然科学发展中的若干新问题形成的小循环又共同相互作用促成一个更大的问题循环的出现，它们从不同的侧面探讨和揭示着物质质量、能量、运动速度，以及时、空性质之间的关系，最终促成了相对论的发现。从此，牛顿的绝对时空观被爱因斯坦的相对时空观所超越，物理学进入新的历史发展期。

　　以上案例粗略地分析了从万有引力公式产生到 300 年后量子力学在问题循环中推进物理学理论体系发展的状况。以上分析表明，某一学科领域中，从元问题到问题系统，随着问题循环等级的升高，问题超循环的体量不断加大，科学知识的版图也随之扩大。此时，如何保持问题系统的整体性、开放性和生成性，即保持问题的进化能力，则是我们必须研究的。

　　以上分析表明，从某一特定领域一个问题意识的产生，到该学科问题系统的形成是一个超循环式的自组织过程，期间充满了问题的自产生、自催化、自复制和自生长。随着问题循环等级的升高，问题超循环的体量不断加大，科学知识的版图也随之扩大。此时，如何保持问题系统的整体性、开放性和生成性，即保持问题的进化能力，则是我们必须研究的。关于问题系统的进化机制与进化能力，笔者将另篇论证。

　　石里克曾说："哲学是科学的开端和归宿。""哲学使命题得到澄清，科学使命题得到证实。"[①] 科学的目的是探询因果性，

---

　　① 舒炜光，邱仁宗. 当代西方科学哲学述评［M］. 2 版. 北京：中国人民大学出版社，2007：30.

而哲学的工作是解释因果性的合理性。超循环模式从哲学意义上描绘和解释了科学问题生成、生长的自组织模式。在生成论的视角探究科学问题发展的超循环模式让我们认识到，科学问题的生成、演化及其自然选择的过程引领着科学家实现科学目标，促进科学进步。正如波普尔强调问题在科学发展中的动力学作用时所说："一个理论对科学知识增长所能做出的最持久的贡献，就是它所提出的新问题。"①

综上所述，如果说科学规律是被发现的，那么我们认为科学问题是生成的，科学进步是在问题系统超循环的自组织发展模式下推动的，科学正是在问题系统永不停歇地自身进化的推动下前进的。循环既是问题系统内部联系的方式，也是问题系统发展的方式。而科学问题的转移，往往是科学革命发生的决定性特征。"每一次革命都将产生科学所探讨的问题的转移，专家用以确定什么是可接受的问题或可算作是合理的问题解决的标准也相应地产生了转移。而且每一次革命也改变了科学的思维方式，以至于我们最终将需要做这样的描述，即在其中进行科学研究的世界也发生了转变"②。因此，我们应该从"理论导向"型思维转向"问题导向"型思维，加强对问题本身及其进化机制的哲学研究，以促成"科学问题学"成为科学哲学理论体系新的生长点。

第三节　问题进化的复杂网络特质

前文分别探究了科学问题的生成与发展，本节将研究科学

---

① 波普尔. 猜想与反驳：科学知识的增长［M］. 傅季重，纪树立，周昌忠，等译. 上海：上海译文出版社，1986：318.

② 库恩. 科学革命的结构［M］. 金吾伦，胡新和，译. 北京：北京大学出版社，2003：5.

问题的进化机制。问题的进化是指问题系统内诸要素及问题的指项、疑项、问题域及解答域的层次的整体跃迁。而问题系统是指某一特定领域内，由元问题、子问题、问题链、问题群、问题网等共同组成的该学科问题形态的集合。问题系统是如何在元问题的带动下自组织地生长与进化的呢？本研究拟在生成论视角下探究问题系统自组织生长的一般模式的逻辑。

问题层次的整体跃迁及问题域的转向对科学历程的影响研究。按照波普尔"科学发现的逻辑"之观点（P—TT—EE—P′），从旧问题 P 到新问题 P′，科学总是在解决旧问题与产生新问题的循环中前进的。本研究将通过对大量科学史典型案例的分析，探究科学问题的指项、疑项及问题域是如何整体跃迁的，以及这种跃迁与问题的转向是如何影响甚至改变科学进步方向的。

问题本身启动着科学探索的机制，一部科学史从某种角度讲就是一部科学问题的生成和进化史。科学问题的生成和发展符合自组织演进模式，"问题系统"以超循环方式推动科学进步。其中，问题涌现的起点、选择的标准及问题系统进化的机制是揭示问题超循环发展模式的关键点。科学问题的展开和深入的过程不是某个问题的"孤军奋战"，而是这一科学领域中的问题系统在若干因素非线性耦合作用下的"联合作战"，共同推进科学知识的增长和科学研究的进步。

一、 复杂性视野下的问题系统

在科学思想史的背景下，科学问题的孕育、形成、提问方式的变迁、解决以及后续衍生问题的产生等，是一个永不停止的从问题到问题的循环过程，这是一个非线性的生成过程，而不是线性的构成过程，须用一种非线性的复杂性视角来看待。复杂性视角与简单性视角的根本冲突在于生成论与构成论的冲突。系统科学复杂性视角的生成论对于经典科学简单性视角下的构成论是一种认识论的革命。不同的视角决定了我们面对同一个世界看到不同的内容。正如库恩所说："革命之前科学家世界中的鸭子到革命之后就成了兔子。"① 线性科学视角下的构成论认为事物发展变化是由其组要素（如原子等）的排列状态或运动状态决定的，整体等于部分的线性叠加，世界可以用还原论和分析法来研究；复杂性视角下的生成论认为，事物发展变化是一个产生和消逝不断交替的演化过程。复杂性强调自组织、不可逆和非线性，叠加原理失效，超越还原论；经典科学强调规律的简单性，系统科学强调要正确对待复杂系统的复杂性；复杂性最基本的表现是网络性。复杂性视角强调生成性、时间性、过程性、整体不可分割的非线性、不确定性与自组织性；在研究方法上，复杂性抛弃了传统线性科学重实体和重要素的思路，转为重关系与重属性的研究思路。复杂性视角主张一种动态的、自组织的自然观。

"问题"是科学哲学中的一个重要领域，虽然目前国内外尚未形成研究问题学的核心团队，但这并不能掩盖问题在科学研究中的灵魂地位与重要作用。问题"是整个研究工作围绕旋转的轴，……每个研究工作的心脏是问题"②。波普尔曾说，"正是问题才激励我们去学习，去发展我们的知识，去实验、去观察"，③ "科学和知识的增长永远都是始于问题，而终于问题——愈是深化的问题，愈能启发新问题的问题"。④ 科学问题的产生

① 库恩．科学革命的结构［M］．金吾伦，胡新和，译．北京：北京大学出版社，2003：101．

② LEEDY P D, ORMROD J E. Practical research: planning and design［M］. 8th ed. Upper Saddle River NJ: Prentice Hall, 2005: 49.

③ 波普尔．猜想与反驳：科学知识的增长［M］．傅季重，纪树立，周昌忠，等译．上海：上海译文出版社，1986：318．

④ 波普尔．猜想与反驳：科学知识的增长［M］．傅季重，纪树立，周昌忠，等译．上海：上海译文出版社，1986：318．

本身就有一个生成和不断进入高层次循环的特征，这种循环是由多种因素决定的。科学问题的产生和发展具有生成性、过程性和涌现性。所以，本书主张研究科学问题的生成模式及演化进路应该用复杂性的生成论眼光。

在复杂性视野下研究问题学，我们应该建立"问题系统"的概念。问题系统，是指在同一研究领域内，由某一"元问题"所引发的一系列相互关联、相互作用的问题链所形成的问题群。在问题系统的概念体系下，问题的组织形态包括以下要素：元问题、子问题、问题链、问题网、问题群等。问题与其衍生问题之间的关系也不是线性叠加和直线推导的关系，而是一个动态的、非线性自组织的过程。从元问题到衍生问题是形成问题系统的过程，恰恰也是科学进步的过程。正如波普尔所说："在科学水平上，试探性的一个新猜想或新理论可能会解决一两个问题。但是它总要引发许多新的问题，因为一种新的革命性理论的作用正如一种新的、有效力的感觉器官。如果这个进步是有意义的，那么新问题的深度就根本不同于旧问题。"①

二、 问题在选择和分岔中进化

超循环系统的进化信息诞生于不稳定，完成于稳定。"进化必定始于随机事件"。艾根在研究生物大分子进化时说："无论'开端'的确切含义是什么，在'开端'处一定存在着分子的混沌。""所以，与'生命起源'相联系的物质的自组织，必定始于随机事件。"②

问题生成的起点往往始于随机事件，在问题系统循环进化

---

① 波普尔. 走向进化的认识论［M］. 李本正，范景中，译. 杭州：中国美术学院出版社，2001：165.

② 艾根，舒斯特尔. 超循环论［M］. 曾国屏，沈小峰，译. 上海：上海译文出版社，1990：212.

的过程中，既有确定性因素，也有不确定性因素。问题系统正是在各种因素的竞争中，在其组成要素——各个子问题间的竞争与协同过程中完成自身进化，推进科学进步的。

在生成论的复杂性视阈下，科学问题的选择与进化存在于问题"生成"与"消逝"的循环之中。一个科学问题，怎样才能既被视为是"问题"，又被界定在"科学的"视阈内？即一个科学问题得以涌现的"起点"、选择的标准和进化的机制是问题学必须正面研究的。

1. 问题涌现的起点

波普尔认为："一个问题就是一个困难，而理解问题就在于发现困难和发现困难在哪里。"[①] 从问题提出者的角度讲，问题来源于对困难的意识，即主体对"谜状态"之存在的感知。换句话说，困难的存在是问题产生的必要条件，而对"谜状态"的意识则是问题生成的一般起点。正如波兰尼所说："一个问题，就是一个智力上的愿望。"[②] 如果说问题等于目标状态与当前状态的差，即 $P = S_t - S_p$ [③]（P 表示问题，S_t 表示问题思考者所希望达到的"目标状态"，S_p 表示"当前状态"），那么这个差距中的所有内容作为待探索的问题，都是"困难"的内在蕴涵。故，笔者认为问题生成的起点，在于主体对困难状态的觉知程度及其解决困难之愿望的强烈程度。

问题产生的理论基础、实验背景和逻辑考量等是客观的，而问题的提出和确立由于加入了人的因素，所以不可避免地具有了主观的不确定性。自然规律是隐藏在大自然中的法则，人

---

① 波普尔. 客观知识：一个进化论的研究［M］. 舒炜光，卓如飞，周柏乔，译. 上海：上海译文出版社，1987：192.

② POLANYI M. Problem solving［J］. British Journal for the Philosophy of Science，1957，8（30）：89 - 103.

③ 林定夷把问题定义为"目标状态与当前状态的差"，参考林定夷. 科学哲学：以问题为导向的科学方法论导论［M］. 广州：中山大学出版社，2009：366.

能够揭示和发现自然规律，却不可能左右自然规律；但是科学问题却不同，如果没有作为主体的人的主动思考与提纯，则问题不会成为"问题"，更不可能成为"科学的"问题。科学问题的生成须兼备确定的客观性与随机的主观性两方面的条件。然而，正是这种主、客观因素分布概率的不确定性，一定程度上成就了科学问题生成和进化的随机性。

2. 问题在选择和分岔中进化

一个具有明确语句逻辑的问题一旦生成，其解决方案将涉及选择与进化，类似于生物界的"自然选择"。像超循环理论揭示的自组织机制中生命通过选择而生存，以及生命建立后会代谢、突变与进化一样，科学问题在科学的生态和土壤中也要经历"适者生存"的自然选择过程，经历涌现、突变、分岔等一系列自组织机制才能完成自身进化。

制约问题系统进化的因素，包括自然界演变的客观性、科学自身的逻辑一致性与简单性、问题与经验事实、假说及理论相互检验的融洽性等，所有因素相互作用的耦合之网随时对问题进行着关乎存亡的筛选，这种筛选通常充满了偶然性。如在狭义相对论的研究中，"洛伦兹变换"（Lorentz Transformation）的出现就充满偶然性，并对时空关系问题的解决起到了"自然选择"的作用。19 世纪末经典时空观受到质疑，洛伦兹试图用修补的方法挽救岌岌可危的旧理论，但他努力的结果却在无意之中超出了旧理论的框架，后来又被爱因斯坦发展为反对绝对时空观、支持狭义相对论的著名的"洛伦兹变换"。对此爱因斯坦曾形象地比喻说，好像一个医生在抢救一个临死的病人，虽然没有把人救活，但在抢救的过程中却发明了一些救人的方法。

选择和分岔的结局是形成问题系统暂时而相对的稳定。

图 6 是基于波普尔关于科学研究中猜想与反驳的理论模型

P_1—TT—EE—P_2，表达了某个科学问题生成后，其解决方案的选择性与分岔性。其中，针对同一个问题 P 提出的不同试探性理论（Tentative Theory）从 TT_a、TT_b 到 TT_n 等之间形成竞争关系。如 18 世纪生物学发展中为解决胚胎发育形成机制而产生的"渐成说"与"预成说"的竞争，19 世纪关于探究地壳变化成因的"灾变论"与"渐变论"的竞争等。能经得起 EE 环节检验的试探性理论则生成新问题，进入下一轮问题循环。一个循环竞争的完成，表明一个竞争中的问题系统步入暂时的稳定，即进入一种协同状态。如以上事例中"渐成论"与"渐变论"的胜出。又如 20 世纪初波动力学与矩阵力学在一番激烈竞争之后，被证明是量子力学的等价形式，从而通过竞争达到协同。

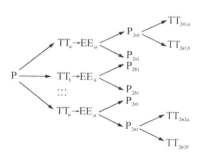

图 6　问题选择与进化生长片段图示[①]

三、　问题进化的复杂网络特质

问题系统中的每个问题既能自我复制，又能对下一问题的产生提供催化作用，问题系统通过组织内各个子问题间的相互作用形成自组织机制，从而使系统向更高的有序状态进化。一

---

① 原图引自 2009 年林定夷出版的《科学哲学——以问题为导向的科学方法论导论》一书的第 347 页，本书借此图表示问题在选择与分岔中推进问题系统的进化与生长，用以描述问题的扩张伴随知识的增长。

个经受了检验的问题链的形成，对于整个问题系统的进一步进化与稳定起到了动力学作用。

沿着旧理论与新经验的矛盾出现的问题链，是促使问题得以选择和进化的"拟种"。艾根在对生物大分子自组织进化之选择的研究中引入"拟种"概念，拟种（quasi-species）是指"通过选择而出现的、有确定概率分布的物种的有组织的组合"①，即以一定的概率分布组织起来的一些关系密切的分子种的组合。在问题学视阈下，一个相对稳定的问题链就是一个引发问题系统进化的"拟种"。作为"拟种"的问题链，是一个自复制单元，既是突变体，又是催化剂。在拟种的催化下，理论研究完成对问题的选择，生成无穷嵌套的问题循环生长系统，从而实现学科的进化。

进化信息诞生于不稳定，完成于稳定。科学问题的自然选择通过自稳定积累信息，通过超循环完成进化。超循环的关键是自选择和自组织。从科学问题的超循环发展模式，我们可以得到以下关于科学问题生成进化机制的启示：

1. 自选择性

在科学问题生成发展的过程中，具有进化优势的突变体（拟种）作为偶然"涨落"② 出现，并通过自复制实现自我选择。这种自复制机制相当于"正反馈"放大作用。问题在经验、假说、理论的作用下，同时接受着科学自身逻辑性、简单性的约束。通过自复制，问题信息在本领域内将相似的突变体越"生"越多，从而汇聚和积累进化信息。这是一个选择的过程。

---

① 艾根，舒斯特尔．超循环论［M］．曾国屏，沈小峰，译．上海：上海译文出版社，1990：29．

② "涨落"在系统科学中表示指标对中心值的偏离。在问题系统中，涨落对旧问题系统的稳定性形成挑战，但对新问题系统往往起着建设性作用，它推动了问题系统的进化。

2. 自组织性

经选择生成的具有突变体性质的问题系统通过自组织进行功能整合。新出现的问题并不能立刻被认定为有效的、"科学的"问题。它们经历过竞争和协同的过程，逐渐实现功能的耦合，并在此过程中逐渐建立起负反馈机制，最终生成总体稳定的新问题系统。当然，这个新问题系统内部的子系统与子问题之间只有具备催化联系和功能耦合，才能使新的问题系统具有整体性及整体催化功能，从而作为更大循环功能整合的单元，进入更高层次的问题系统的进化过程。

3. 自稳定性

内部子问题之间高度关联的问题系统在经历了多重反馈、自组织和自选择后，循环逐步趋于相对稳定。循环的稳定，意味着经历了反常和危机之后的科学逐渐进入新的常规科学时期。在新的稳定序中，问题系统的整体功能不断完善，信息不断积累，并层层转换传送，形成具有规模效应的多层嵌套的"长程相干"关联。最终使问题系统整体得以稳定生长，实现科学问题系统向高度有序的宏观组织进化。这是问题进化的过程，也是科学知识增长的过程。

本节借助超循环模式，从哲学意义上描绘和刻画了科学问题的生长形态，揭示了问题系统的生成与进化在科学史上的动力学意义。科学问题超循环的进化机制不是线性叠加，而是一种非线性生长。在系统复杂性视角下探究科学问题的进化模式让我们认识到，问题的进化影响科学历程，推动科学进步。劳丹曾说，"科学的本质实际上就是一种解题活动"[①]，但笔者认为，科学进步的本质并不是源于问题的解决，而是源于问题的不断展开和深入。如本节所析，科学问题展开和深入的过程不

---

① 劳丹. 进步及其问题 [M]. 刘新民，译. 北京：华夏出版社，1990：11.

是某个问题在"孤军奋战",而是这一科学领域的问题系统在若干因素非线性耦合的作用下"联合作战",最终共同推进科学知识的增长和科学研究的进步。而揭示问题系统进化机制的影响因素及其与知识进化的关联,正是动态地研究科学问题学的意义所在。正如波普尔所说,"应当把科学设想为从问题到问题的不断进步——从问题到愈来愈深刻的问题。无论是科学理论,还是解释性理论,这些理论都只是尝试着去解决一个科学问题。也就是去解决一个与发现一种解释有关或有联系的问题"①。也许正是在这个意义上,我们可以说,一部科学史就是一部科学问题的生成与进化史。

第四节　软系统理论视阈下问题观的认识论转向②

在世界系统运动中,软系统方法论的出现具有重要意义。软系统理论在推动系统思维方式演变的同时,其出现对世界系统运动的发展方向具有转折性意义;在科学问题学的视野下,软系统方法论在软化系统的同时,也软化了问题,导致人们对问题观的理解发生转向。软系统理论视阈下问题观发生的三个认识论转向分别是:软硬兼施的系统实践中问题范围与内涵的转向,问题的复杂性解蔽转向,问题的生命隐喻转向。

---

① 波普尔.猜想与反驳:科学知识的增长[M].傅季重,纪树立,周昌忠,等译.上海:上海译文出版社,1986:317.

② 本节原文发表于:刘敏.软系统理论视阈下问题观的认识论转向[J].东南大学学报(哲学社会科学版),2015,17(5):53-58,154-155,有改动。

一、 世界系统运动的转折点

20 世纪 40 年代，随着诸如控制论、信息论、一般系统论等一系列横断学科的兴起，人们对世界图景的认知，以及描绘世界图景的方式都发生了革命性变化。这些理论殊途同归地挑战还原论、倡导整体论，掀起了一场以"系统"概念联结起来的、探索世界整体性的运动。彼得·切克兰德（P. Checkland）认为，这场运动的纲领可以被描绘为对"有组织的复杂性问题"的检验①。这场"探索复杂性"的运动被称为"系统运动"，这一运动的影响意义深远。

系统运动的开创者，被认为是奥地利生物学家路德维希·冯·贝塔朗菲（L. V. Bertalanffy）。贝氏批判机械还原论，提出"机体论"（Corporatism），他是第一个扛起"整体论"大旗宣称"科学应该重新定向""系统科学是研究'整体'及'整体性'的科学"的科学家。在这场运动中，罗伯特·维纳（Norbert Wiener）由于对反馈机制、人机学习以及熵与信息关系等的研究而贡献巨大；申农（Shannon）第一次赋予信息以严格的定义，使其成为可以定量研究的最基本的科学概念……几乎同时，沿着批判还原论、倡导整体论这一思想发展起来的还有博弈论、运筹学、对策论等一系列学科，共同促成和推进了系统运动的蓬勃发展。

然而，人们在赞美贝塔朗菲及其推崇的以整体论思想为基础的系统运动的过程中，渐渐意识到这场运动中存在着难以逾越的障碍，即整体论的系统思想难以在实践中付诸实施。以至于切克兰德评价"系统论运动是一个由系统概念联结起来的

① 切克兰德. 系统论的思想与实践［M］. 左晓斯，史然，译. 北京：华夏出版社，1990：116.

'松散'联盟"①。人们开始质疑以一般系统论为代表的系统运动的前期成果。因为人们意识到，一旦人的因素参与到系统中来，一旦系统观测者被作为系统实践参与者的角色而考虑进来，一般系统论的方法便捉襟见肘。

切克兰德认为，系统论运动所取得的成果可以被公正地描述为"有意义但并不辉煌"。原因是还原论思想在受过西方文明教育的人的头脑中是根深蒂固的，近代科学取得的突飞猛进的成就让人们对还原论的有效性深信不疑。而以一般系统论为代表的系统运动初期的学者及理论虽然以一种"救世主的气氛"批判还原论，但这些评论始终停留在一种形而上学的优越性之上。正如玛约丽·格伦（Marjorie Grene）指出的，"对许多人来说，接受反还原论立场是不可能的。为什么？因为它突破了简单的单层物理主义的防线而没有提供另一种形而上学来取代它的位置。反还原的思维要求按照实在的等级系统、层次等之类的东西来思维，但我们不知道如何那样去思维"②。可见，即使是当时身处系统运动中的人也意识到一般系统论内涵及应用范围的有限性，"一般系统论的问题是它以内容缺乏为代价换取了它的普遍性。系统论运动中的进步更可能得自系统思想在特殊问题领域的应用而不是完美理论的提出"③。

正是在这个困境中，软系统理论出场，并使整个系统论运动发生了积极而有意义的转向。先后对硬系统思想进行质疑，并试图提出改造方案的学者及理论有：韦斯特·丘奇曼（C. Churchman）的批判性系统思考，罗素·阿可夫（R. Ackoff）的

---

① 切克兰德. 系统论的思想与实践 ［M］. 左晓斯，史然，译. 北京：华夏出版社，1990：116.

② 切克兰德. 系统论的思想与实践 ［M］. 左晓斯，史然，译. 北京：华夏出版社，1990：123.

③ 切克兰德. 系统论的思想与实践 ［M］. 左晓斯，史然，译. 北京：华夏出版社，1990：118.

互动规划，弗罗德（R. Flood）和杰克逊（M. Jackson）的全面干预方法，顾基发和朱志昌的"物理—事理—人理方法论"等。

在世界系统运动发生转向的过程中，英国学者形成一支独特的力量，切克兰德是其中一位重要代表。切克兰德对系统运动最大的贡献是提出了软系统思想和软系统方法论。对一般系统论弊端的认识，指引着切克兰德从揭示普遍性的一般系统理论走向了针对特殊领域的系统理论的应用，从而掀起了系统的实践运动。切克兰德软系统方法论的提出，既表明了系统运动的实践转向，也标示了系统运动的软化转向。

二、 软系统理论及其对问题观的影响

1. 软系统与硬系统的思想来源及区别

软系统方法论（Soft System Methodology，简称 SSM）是英国科学家、系统学家切克兰德教授于 20 世纪七八十年代首次提出的。软系统思维是针对硬系统思维而言的，是针对适用于机器系统和工程系统的硬系统方法论在社会系统应用过程中的局限性而产生的对系统方法的改造方案。

如上所述，硬系统思维是 20 世纪上半叶在系统运动初期的系统论、控制论、信息论、运筹学等学科中产生的思维形式和工程方法，主要用于工程系统的分析，是一种基于还原、分析，寻求因果性和确定性的思考方式。在还原论思想方法的影响下，硬系统的理论设计及分析方法都是针对具有规则的、优良结构的系统，通常也把硬系统称为"良结构系统"（Well-structured system）。

硬系统思想来源于四个理论预设。按照贝尔电话实验室工程师 A. D. 霍尔（A. D. Hall）的"系统工程方法论"以及 H. A. 西蒙（H. A. Simon）的《管理决策新科学》的概括，硬

系统思想（或称经典系统思想）由以下假定构成[①]：（1）系统是客观存在的，即使不存在理想系统，工程师也可以按照人的需要设计一个良结构的理想系统以便分析；（2）系统都有一个比较明确或可以明确的目标。一旦给出明确目标，系统原则上就可以被看作是达到这个目标的"工程"；（3）系统存在一个最优解，完成工程的过程就是求得最优解的过程；（4）系统工程的最基本维度是逻辑维。在 F. 拉普（Friedrich Rapp）编辑的《技术哲学文献》中，霍尔曾于 1969 年提出系统工程的三个维度，即时间维、知识维和逻辑维。由霍尔和西蒙对硬系统思维的四个假定的概括不难看出，"系统工程根本没有历史的、文化的以及社会政治的分析维度"[②]。

硬系统方法论的成功，促使人们试图将其应用于管理与社会系统等人类活动系统中去。但结果出人意料地显示出硬系统方法论的局限性。切克兰德认为，管理与社会问题，或称为不良结构问题、软问题，是属于人类活动系统中的问题，它的复杂性远远超过目前我们所能达到的认识程度。但是，正因为它更复杂，还得用系统的方法去处理。切克兰德以硬系统方法论为起点，在解决软问题的过程中，修正硬系统方法论。经过多年的实践，终于创造出一种适用于人类活动系统的方法论——软系统方法论。

然而，具有非良结构的、目标不明确的、包括人在内的系统非常普遍地存在于经济、管理、教育等社会的各个层面，因而如何对这些"非硬"的系统进行有效分析，成为系统学家们

---

① HALL A D. Three-dimensional morphology of systems engineering ［M］// RAPP F. Contributions to a philosophy of technology. Dorfrecht：Springer，1974：174 - 186.

② 张华夏. 软系统方法论与软科学哲学［J］. 系统科学学报，2011，19（1）：9 - 16.

日益关注的重点。切克兰德认为,"在文献中常常谈到'硬'系统思想适用于良定义的技术问题,而'软'系统思想比较适用于模糊的不良定义的情况,包括人类及文化上的考虑"①。

纵观软系统理论,笔者将软系统和硬系统的区别概括为以下几个方面:

(1)目标导向。通信、工程等硬系统一般具有明确的目标,但社会、管理等软系统往往难以准确确定目标。

(2)结构规则程度。硬系统一般具有规则结构,因此也被称为"良结构"系统;而软系统一般不具有规则结构,也被称为"不良结构"系统。

(3)人的因素。硬系统思维为了追求客观性及迎合数学分析的完美性,将人(包括观测者、参与者等)排除在外,是不考虑人的因素的系统;与此不同,软系统的最大特点是其本身是包含人以及与人有关的诸多因素在内的系统,软系统思维把观察者作为参与者考虑在系统的情景决策中。

(4)从本体论标签到认识论工具。硬系统思维强调把研究对象本身看作系统;软系统思维更注重以系统的思维方式去看待对象和解决问题。

(5)从技术层面走向生活实践。硬系统思维关注的是以技术为载体的机器系统,软系统思维关注是鲜活生动的人类活动系统。可以说,从硬系统思维到软系统思维,是人的思维模式从关注机器到关注生命的转变。

(6)价值引入。硬系统在目标导向下追求最优解,无涉价值;软系统思维由于人的问题的引入,在探索系统复杂性时必然产生伦理选择与价值关涉。

---

① 刘敏. 生成论视阈下科学问题的超循环发展模式 [J]. 系统科学学报,2015,23(1):24-27,39.

2. 系统软化路径

关于软系统的适用范围，切克兰德在他的著作《系统论的思想与实践》中作了一个系统类型学（systems typology）的系统分类图，这个系统图表明，"描述现实整体所需要的系统类型绝对的最小数目是四个：自然系统、人工物理系统、人工抽象系统、人类活动系统"[1]。其中，自然系统起源于宇宙的演化与进化；人工物理系统和人工抽象系统起源于人及人的目的性；人类活动系统起源于人的自我意识。这是一个经过严格推敲的理想类型的系统分类图，其中人工物理系统所适用的是硬系统方法，而起源于人的自我意识的各种人类活动系统所适用的是软系统方法。切克兰德为软系统方法论流程勾勒了一个框架，如图7所示。

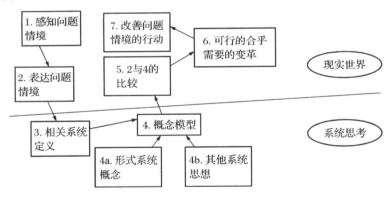

图7 软系统方法论基本框架[2]

其中1～7是时间序列，但也不必完全遵从。切克兰德认为，"方法论的最有效使用者是那些能够把它作为一个框架，把目的性活动置于其中进行系统研究的人，而不是那些把它作

---

① 切克兰德. 系统论的思想与实践［M］. 左晓斯，史然，译. 北京：华夏出版社，1990：202.

② 切克兰德. 系统论的思想与实践［M］. 左晓斯，史然，译. 北京：华夏出版社，1990：203.

为一份菜谱使用的人"①。如果将软系统思想降格为一种"技术",那它就是失败的,因为这样做将扼杀现实生活中无限丰富的多样性。在系统软化的过程中,最根本的变化是对系统性(systemicity)的理解已发生了转变。正如切克兰德所说,"这种从客观世界向探询客观世界过程的转变成为我们区别'硬'与'软'的两种基本系统思想形式的智力关键"。笔者认为,软系统理论在世界系统运动中的突出贡献是对系统的认识从本体论假设转为认识论工具。即从把研究对象看作是整体系统,转变为以系统的、关联的方式去理解和认识所研究的对象。

3. 软系统方法论对问题观的拓展

软系统方法论在软化系统的同时,软化了问题。在软系统理论的视野下,传统科学问题观的内涵得到很大拓展。问题观,是指在科学问题学②视野下,人们对科学问题的总的看法和根本观点。包括如何看待科学问题的定义、问题的内涵、问题的形式、问题生成演化的路径、问题的求解及问题评价等内容。③

软系统理论对科学问题观的拓展主要表现在对"问题"概念的界定及解决问题的思路发生转变:

(1)把明确地"提出(或确立)问题"转化为主动地"感知问题"。与问题明确的硬系统不同,在现实生活中,软系统中的问题不是明确被提出的,而是被感知到的。这一点恰恰符合波普尔的问题观:"一个问题就是一个困难,而理解问题就在于发

---

① 切克兰德. 系统论的思想与实践 [M]. 左晓斯,史然,译. 北京:华夏出版社,1990:203.

② "科学问题学"是一个正在创建中的概念,目前国内外学术界对科学问题学的研究尚未形成明显学派,其概念体系正在逐步讨论和构建中。其中,对科学问题观的探讨无疑是形成问题学概念体系的重要环节。

③ 刘敏. 生成论视阈下科学问题的超循环发展模式 [J]. 系统科学学报,2015,23 (1):24-27,39.

现困难和发现困难在哪里。"① 从问题提出者的角度看，问题来源于对困难的意识，即主体对"谜状态"的感知。在管理以及社会等软系统中，更多的问题是被民众及系统成员感知到的，而不是系统本身携带或确定的。

（2）由对"问题"的理解，转化为对"问题情境"的理解。软系统之所以是"软化"的，最主要的原因是系统内包含了人及与人有关的诸多不确定因素。所以正如图 7 中的 1 和 2 所示，软系统的问题不是系统给定的，而是系统成员在问题情境中感知到的。

（3）软系统没有明确目标。软系统中的所谓目标，是与问题情境所关联的"不如意的"感受。即软系统将"目标"理解为"不安全感"。与通信、机械工程等结构优良、目标明确的硬系统不同，社会、管理等领域问题的目标往往模糊不清，很多问题只表现为一种"不满意"的感受。

（4）由问题的"解决"转化为情境的"改善"。由于以上原因，问题的解决不存在像硬系统一样有最优解。更多的时候只是通过对情境的改进，使系统的不如意状况得到改善。

（5）由追求客观唯一的"最优解"，转换为争取符合实际情形的"有效解"。对问题的感知是主观的，不同人对同一系统中问题的感知具有多样性，导致寻找软系统中问题解的多样性。因此，软系统一般不存在唯一最优解，而是存在多样的有效解。

综上，软系统方法论对问题观的重要启示在于，对待结构不良、目标不明确的系统，把提出问题转换为感知问题；把唯一解转换为有效解；把问题的解决转换为问题情境的改善。因此，从某种意义上讲，软系统模式的理念事实上是一种不断试

---

① 波普尔．客观知识：一个进化论的研究［M］．舒炜光，卓如飞，周柏乔，等译．上海：上海译文出版社，1987：192．

错的学习过程，这种模式的总体思路是试错—改进—学习—优化。通过试错法，在理论构思与现实世界之间反复比较，不断改善系统，寻求优解。正如切克兰德所说，求解的过程实质是一个讨论的过程，也是一个学习的范式。

切克兰德明确表示，软系统方法论借鉴吸收了行为研究（Action Study）的优势和方法，主要吸收了行为科学在社会应用研究上的以下特点，包括：（1）研究者是研究主题的参与者而非旁观者；（2）不同参与者的意图在行为系统中发挥不同作用；（3）研究主体的行为受到伦理框架的约束，大家通过协商，在互可接受的伦理框架内建立协作。借鉴了行为研究分析模式的软系统方法论，必将能够解蔽问题复杂性，同时将价值关涉引入问题观。

三、 系统软化对问题观转向的认识论意义

切克兰德对"问题"有着独特的理解："'问题'指的不是疑难、悖论或困扰着哲学家的谜，而不过是一种情景，于其中人们感觉到'是什么'与可以是什么或能够是什么或应当是什么间未协调一致。"[①] 笔者认为，软系统理论对问题观最大的影响是导致"问题的软化"。所谓问题的软化，即将对问题本身及问题解答的关注，转向对问题产生情境的关注的过程。笔者认为，软系统思想对问题观转向的认识论意义主要表现在以下几个方面。

1. 在软硬兼施的系统实践中问题内涵转向

在软系统理论中，切克兰德提出的重要概念是"人类活动系统"（Human Activity System）。此概念的意义在于把人类实

---

① 切克兰德. 系统论的思想与实践［M］. 左晓斯，史然，译. 北京：华夏出版社，1990：序 2.

践引入系统分析，并在此基础上提出了软系统方法论的思想体系。软系统方法论建立了软、硬系统的比较模式。切克兰德的分析模式也被称为"软硬兼施的系统实践"。

在"软硬兼施的系统实践"中，问题的内涵以及问题观发生了转向。硬系统方法论是处理那种"已知是什么，回答怎么做"的工程问题的方法论，其问题本身具有明确的内涵和结构，也叫"硬问题"或"有结构问题"。有结构问题是指，能够用语言清晰表述的问题，或者说问题的表达已经落在某种解决问题的方法框架内了，而这些方法已达到技术化和规范化的操作；与之相对的无结构问题，即软问题，可以理解为不能清楚表达的问题。"无结构的问题，这种问题的表现是一种不安的感觉，如果不对问题情境大大加以简化就不能清晰地陈述问题"①，即目标的阐明本身就是问题的那类问题。

无结构问题暂无可进行技术处理的有效而现成的理论。切克兰德分析，人类活动系统中的无结构问题，通常还具有两个特性：一是这样的问题往往是可认识的，但不是可定义的；二是时间的流逝往往改变着对问题的知觉，而知觉是一种主观感受，它会随时间的改变而改变。社会生活中的问题更多是这种类型的问题。

可见，软问题的内涵及其所代表的问题观，特别强调"问题情境"。那什么是问题情境呢？"问题情境，简单地说是所面对的人类活动系统中不如意的感受，或希望改善的愿望"②。对于无结构问题来说，在软系统视阈下，问题内涵变化的主要原因是问题由具体化转向情境化。在经典科学及硬系统中，研究对象由于是具有良结构的问题，可以用硬系统方法来解决。而软系统中，按照切克兰德等的研究思路，由于对象本身不具有

① 切克兰德. 系统论的思想与实践［M］. 左晓斯，史然，译. 北京：华夏出版社，1990：193.

② 吴广谋，盛昭瀚. 系统与系统方法［M］. 南京：东南大学出版社，2000：120.

良结构，所以应由对该模糊不清的问题的关注转移到对问题情境的关注与研究。

这种注意力的变化，使问题内涵变化的同时，问题的解决方式也变了。"系统实践"这一概念暗含了一种希望找出怎样运用系统观念来尝试着解决问题的方式。切克兰德认为，软系统方法论探讨的主要问题"不在任何外在现实，而在人们对现实的感知，在他们的精神过程而非这些过程的对象"。在这种情况下"什么是'一个问题'本身变成了研究的一部分"①。

2. 问题复杂性解蔽转向

切克兰德认为，所谓的复杂性是指"更高层次的新现象的突现性"②。"当把用于考察外在于我们自己的自然界的方法应用于我们是其组成部分的社会现象时，会有特别难处理的问题产生"③。人类活动系统中，到处可见这类无结构问题，而决定系统前途与命运的往往是无结构问题处理上产生的差异。

问题的来源、问题意识的生成、问题的解决本身都是具有复杂性的课题，硬系统方法论的处理方式遮蔽了其中的复杂性。软系统方法论还问题复杂性以"真面目"。

系统理论的出现是对还原论科学无力应付各种复杂性的一个反应。

切克兰德认为，控制过程都依赖于通讯，依赖于以指令或约束形式出现的信息流动，"信息的思想先于反馈的思想"④。他

---

① 切克兰德. 系统论的思想与实践 [M]. 左晓斯，史然，译. 北京：华夏出版社，1990：192.
② 切克兰德. 系统论的思想与实践 [M]. 左晓斯，史然，译. 北京：华夏出版社，1990：81.
③ 切克兰德. 系统论的思想与实践 [M]. 左晓斯，史然，译. 北京：华夏出版社，1990：83.
④ 切克兰德. 系统论的思想与实践 [M]. 左晓斯，史然，译. 北京：华夏出版社，1990：21.

认为，"信息概念是到目前为止系统运动所贡献的最有力量的概念，其重要性可与能量概念相比。在理解系统思想的本质时，必须运用信息概念"①。而信息概念是解蔽复杂性的利器，软系统方法论在研究问题时运用了这一概念。

软问题结构不清、目标不明，其原因在于人的自主性活动。正是在这个意义上，软系统理论在对系统的分类中，特别强调"人类活动系统"的范畴。"人类活动系统"一词是切克兰德引自工业工程领域的一个普通术语，但在他的软系统思想中这一词具有重要意义。切克兰德认为，由于人类具有"自我意识"的特殊能力，这种自我意识表现在人类具有反思、学习、预见以及选择行动的自由和能力方面，这种特殊的能力造就了人类活动系统具有与其他系统不同的复杂性。"切克兰德视对人类活动系统的描述为 SSM 发展过程中的一个最重要的突破。以前的系统思考者一直寻求为物质系统、设计的系统，甚至社会系统建立模型，但是他们不能系统地对待有目的的人类活动。一个人类活动系统是人们为了追求某一特别目的需要进行的各种活动的一个系统模型"②。所以，从机器系统到人类活动系统，是解蔽问题复杂性的意义，同时也是问题复杂性的解蔽路径。

3. 问题的生命隐喻转向

出于对系统分类的视角不同，人的问题被引入软系统视阈，同时意味着价值问题被引入。人类活动系统概念的提出，意味着人、意义、生命及价值问题被引入系统思维。

近代以来，科学史一直围绕对"机器"这个概念理解的变化而发展。牛顿物理学提出的机器概念是一个类似钟表的装置，它是决定论的、预定好了的；而热力学、量子力学把统计思想

---

① 黄小寒．世界视野中的系统哲学［M］．北京：商务印书馆，2006：271.

② 杰克逊．系统思考：适于管理者的创造性整体论［M］．高飞，李萌，译．北京：中国人民大学出版社，2005：175.

引入现代科学，同时把不确定性和非决定论引入对机器行为的理解；接着以一般系统论为代表的系统运动（前期），引入了对自己行为进行自动控制的自调节机器的思想。事实上，即使是参与到系统运动中的人们，也一直在探讨以机器为中心的系统问题。

随着研究对象从"机器"到"机体"的转变，所研究的问题自然具有了生命意思。切克兰德之前的系统理论，如一般系统论、信息论、控制论，可以说研究对象均是人工系统，其规律也是针对人工系统而言的，所以这种研究方式被称为内含"机器隐喻"。而自从切克兰德的软系统方法论把人及价值问题引进来，系统运动就具有了"生命隐喻"的意蕴。

问题生命隐喻转向的表征是，在软系统思维下，将人的目的、意图和行为作为形成系统和系统问题的主要影响因素加以考察。在发展软系统思想之初，切克兰德敏锐地意识到传统硬系统思想在解决现实问题的过程中往往将人类世界丰富的价值排除在思考范围之外，因此它不能真正有效地解决有人参与的系统复杂性问题。而系统的存在状态被确定为问题，往往是价值观的体现。

切克兰德认为，人因拥有"维特沙"①（weltanschauung）而成为一种"意义赋予"（meaning-endowing）动物。他认为，由于人具有源自于其自我意识的不可缩减的自由，他就永远能在一系列可能意义中选择。"软系统方法论是融合了事实认知与价值选择的行为研究模式"②。价值是客体属性满足主体需要的效能。软系统方法论的研究模式实现了分析者（认识主体）与选择者

---

① 维特沙，德文音译，原意为世界观、宇宙观。在软系统理论中，"维特沙"更加强调的是系统分析者的价值观、伦理观、思维框架。

② 刘启华．"软"系统方法论述评［J］．自然辩证法研究，1999，15（10）：5－12.

（价值主体）的统一。上文图 7 "软系统方法论基本框架"中的 3 和 4，就是在问题情境获得充分表达的基础上，分析者以自己特定的"维特沙"为工具，凭借经验和直觉，对问题情境的感知赋予意义，做出主观判断的同时，完成了价值选择的第一步。在阶段 6 中，分析者与参与者（价值主体）通过协商讨论，在共同遵循的价值和伦理框架内做出一系列变革举措，以供阶段 7 实施。这又是一个价值选择的过程。

硬系统方法论，由于系统的目标明确、问题明了，所以其只涉及单一的"维特沙"。而软问题由于主体的多样性，则涉及源自不同"维特沙"的不同知觉。因此这里必然会涉及"主体间性"，即主体间的一致性，因而也必然会涉及价值选择。而每个主体具有的思维框架对人有着深刻的影响，正如波普尔所说："任何时刻我们都是我们的理论、期望、过去经验和语言框架的囚徒。但我们是一匹克威克①意义上的囚徒：只要努力我们就能在任何时候打破我们的框架。"②

综上所述，软系统方法论在软化系统的同时，软化了问题，其基础是"人类活动系统"概念的提出。问题观改变的路径是把问题定义为一种让人感到不满意的状况，"这种状况是不能精确定义的，它介于就要成为现实和可能成为现实的这两种感觉之间"③。软化问题的主要表征是引入和关注问题情境，通过分析问题情境来了解问题，并非直接解决问题，"与其说是有待解决的问题，不如说是有待改善的状况"④。我们甚至可以认为，

---

① 英国作家狄更斯（1812—1870）小说《匹克威克外传》中的主人公。

② 转引自切克兰德. 系统论的思想与实践 [M]. 左晓斯，史然，译. 北京：华夏出版社，1990：272－273.

③ 切克兰德. 系统论的思想与实践 [M]. 左晓斯，史然，译. 北京：华夏出版社，1990：194.

④ 切克兰德. 系统论的思想与实践 [M]. 左晓斯，史然，译. 北京：华夏出版社，1990：194.

软系统思想解决问题方法的两极是哲学方法与技术方法，故称为"软硬兼施"。可见，软系统方法的出发点是问题情境，结束点是新的问题情境。正如切克兰德本人所说："任何有目的的人类活动都隐含着某种特定的价值等级约定。"① 软系统方法论将人类活动及人的目的引入对系统的考察，则在探索软系统问题的复杂性时必然产生了伦理选择与价值考量。因此，笔者认为，问题的软化的过程，也是问题观向文化和历史维度延伸的过程，这也许是软系统方法论对传统科学问题观最有意义的突破。

第五节　科学问题与近代物理学的诞生②

科学问题是科学研究的灵魂，并对科学研究的展开和深入起着催化作用，科学研究的历史就是科学问题的生成、转换、分解的历史。近代物理学的诞生是科学史上第一次科学革命的高潮。封闭世界宇宙观的崩溃成为近代物理学诞生的前提，在此背景下，"如何合理地解释天体运动"成为横亘在人们面前的时代问题。肇始于天文学领域的哥白尼革命成为视角转换的先声，伽利略以实验法为基础完成了工具的转换。在此基础上，牛顿真正意义上完成了时代问题的分解，并在理论和经验领域比较完备地解释了物质运动，完成了科学史上的第一次科学革命。

科学革命早为学者所关注，相关问题研究较为成熟，学术成果亦很丰硕，从问题角度进入科学革命研究是这一领域的新尝试。不同于传统的问题学研究视角，通过从科学与社会、文

①　切克兰德.系统论的思想与实践［M］.左晓斯，史然，译.北京：华夏出版社，1990：158.

②　本节主要内容基于本人主持的课题组讨论基础之上，主要撰写人为时宏刚。

化的相互嵌入性等角度看待近代物理学诞生史中的科学问题，对这些科学问题的产生与演化等做出更加全面的研究，我们或许能看到更为广阔的科学革命的图景。

问题学是一门研究科学问题的静态结构、动态演化与价值评价的学问。它强调问题思维，主张以科学问题本身为出发点进行问题研究。因此，从问题角度进入科学史研究，首先要面临的是以问题为逻辑线索的研究进路何以具有可能性；另外，在这一视角下对科学史进行研究，最终究竟能向世人展示何种科学史的全新图景。

问题学视野下，近代物理学的诞生史就是"如何合理地解释天体运动"这个元科学问题的生成、转换、分解史。

一、 问题的生成：封闭世界宇宙观的崩塌

十五至十六世纪，随着文艺复兴运动对宗教禁锢的冲击，新航路的开辟与殖民地的开拓，以及托勒密天文体系在解释天文现象、指导航海活动等方面愈发见绌，旧有的封闭世界宇宙观逐渐崩塌，人们迫切需要对"天体运动"做出新的解答。

1. 问题生成的外部因素

中世纪后期，意大利的新兴资产阶级借助复兴古希腊、罗马文化的形式掀起了反对宗教压迫的思想解放运动。他们反对神性，提倡人性；反对神权，肯定神权；反对蒙昧主义，提倡科学文化；反对宗教禁欲，提倡世俗生活；反对宗教压迫，提倡人的个性解放。这一时期的成果可被概括为"人的发现"，如人的尊严、人的才能、人的自由等等，恩格斯曾说："拜占庭灭亡时抢救出来的手稿，罗马废墟中发掘出来的古典古代雕像，在惊讶的西方面前展示了一个新世界——希腊古代；在它的光辉的形象面前，中世纪的幽灵消逝了；意大利出现了出人意料

的艺术繁荣，这种艺术繁荣好像是古典古代的反照，以后就再也不曾达到过。……旧的世界的界限被打破了"①。宗教对自由与真理的压制在这一时期被打破，因此，我们在这一时期不仅能看到科学的真正起源，也看到科学精神的再次高扬，即对问题背后真理的追求。自由精神与真理追求典型地体现在布鲁诺的身上：布鲁诺坚信无限宇宙与多元宇宙的观点，这一观点与宗教宇宙观相悖，因此被捕入狱，被宗教裁判判断"异端"。但布鲁诺没有屈服，始终坚持自己的学说，最终被烧死在罗马鲜花广场上。另外，这一时期自由精神与宗教禁锢另一种对抗性的方式的体现是：哥白尼直到 1543 年，即临死前才敢发表《天体运行论》。

对自由的追求和真理的探索是这一时期人性高扬的体现。这一时期亦是"世界的发现"的时期。新航路的开辟，尤其是麦哲伦船队的全球航行证明了地圆说，随着全球贸易的盛行以及殖民地开拓进程的加快，西欧人的视角逐渐转向全球。这种转向的影响是深远的，"它大大突破了亚里士多德和托勒密的知识范围，使欧洲的知识阶层从对古典作家的绝对权威的迷信中解放出来，为近代科学革命提供了良好的心理氛围和精神动力"②，这种"心理氛围"和"精神动力"，着重表现为人类以理性掌控自然的信心，以及伴随着视角的扩大与转换，对一种具有普遍效力的知识的信念。

2. 问题生成的内部途径

问题产生于矛盾，表现为已知与未知、已有与未有之间的矛盾。科学问题是科学知识与对象不相符合的疑难，或者是关于不同的科学知识相互对立的关系的疑难。引发近代西方科学革命的元问题出现在天文学领域并非偶然，它首先来

---

① 恩格斯. 自然辩证法［M］. 中共中央马克思恩格斯列宁斯大林著作编译局，译. 北京：人民出版社，2015：9.

② 吴国盛. 科学的历程［M］. 2 版. 北京：北京大学出版社，2002：184.

源于科学理论体系的繁复与其简单性原则之间的矛盾。西方天文学史上，托勒密的行星天文学体系经过基督教的阐释被赋予了神学色彩，在中世纪时成为官方正统的天文学说。一千多年来，托勒密"地心"说确实能够比较好地解释行星运动，在指导生活生产、航海方面较有成效，因此在很长一段时期内为人们所认同。然而，到了文艺复兴时期，为了尽量同观测资料相符，托勒密的本轮-均轮体系所用的圆圈越来越多，成为哥白尼口中的"怪物"①。这个"怪物"在不同天文学家对圆圈的自由加减下显得"散乱并且错误不断"②，不仅不符合现在的科学理论的简单原则与自洽原则，也与当时的毕达哥拉斯派的柏拉图主义相悖。此后，这些天文学家相信存在于天体运动背后的是符合数的和谐的宇宙秩序，他们的工作是通过数学模型揭示这种和谐的宇宙秩序，而不再是通过自由发明数学模型"拯救现象"。

其次是理论与事实的矛盾。即便地理大发现时代的数学和天文学知识难以转换为实用的导航技术，且这种实际运用的错误对理论修正的倒逼的影响很小，这一时期世界的发现也使得人们不得不正视托勒密体系的错误。同时，罗马时代就已经确立的儒略历的错误已经到了难以忽视的地步，到了16世纪，历法改革不得不提上日程。但是，由于此时托勒密体系已经成为一个"怪物"，根据托勒密体系编制历法的可能性微乎其微，天文学家们面临着计算能力严重不足的困难。因此，天文学领域迫切需要进行一个变革，这个变革不仅要化繁为简，而且能够解释已有的天文现象。

天文学领域的变化是文艺复兴时期社会变化的缩影。天文

① 哥白尼.天球运行论 [M].张卜天，译.北京：商务印书馆，2016：原序.
② 库恩.哥白尼革命：西方思想发展中的行星天文学 [M].吴国盛，等译.北京：北京大学出版社，2003：138.

学不仅最富有学理性，与人们的日常生活生产，与该时期的大航海活动密切相关，而且是教会神学体系的重要一环。因此，对"天体运动"这个元科学问题的探索不仅最为迫切，还是人类追求自由与探索真理精神的体现。哥白尼在天文学领域率先完成了一种视角的转换，引领了科学史上的第一次科学革命。

二、 问题的转换

哥白尼是"拯救现象"的信奉者。现在科学史界多有观点认为，哥白尼与其说天文学领域的开创者，不如说是旧天文体系的最后一个大成者。正因为到了 16 世纪，天文界对托勒密体系的修补工作越来越难以完成，哥白尼意识到有必要转换一种视角去做出新的解释。这个视角，即"从以地球为中心"到"以太阳为中心"。

宇宙中心的转换意味着，"宇宙论思想上一种新的自由，其结果是产生一种新的思辨的宇宙观念。……哥白尼死后的一百年间，他的两球模型被一个恒星散布在无限空间各个角落的宇宙所取代"[①]。这个视角的转换不仅反映着大航海时代对一种地域有限概念的反抗以及对世界无限的探索精神，也反映着人们真正将目光从有一个有窄小边界的地球为中心的天界模型转向整个无限的宇宙。哥白尼这一开创性的工作为布鲁诺所继承，布鲁诺坚持一种彻底的无限的、无中心的、无边界的宇宙。从去除托勒密地心体系的等级宇宙的色彩向一种无限视角的转换，意味着"将宇宙统一在一起的不再是自然的从属关系，而仅仅是其最终的基本组分和定律的同一性"[②]；另外，出于相信天体运动的几何和谐而运用几何去描述天体运动，从而开创了以数

---

① 库恩. 哥白尼革命：西方思想发展中的行星天文学［M］. 吴国盛，等译. 北京：北京大学出版社，2003：226.

② 科瓦雷. 从封闭世界到无限宇宙［M］. 张卜天，译. 北京：商务印书馆，2016：前言 2.

学为工具去描绘天文学的传统。这个传统有助于在宇宙论上寻求一种数学上恰当的世界图景，以及以数学为工具对无限宇宙内普遍而同一的规律进行把握。

人们将视角从封闭世界投向无限宇宙时，迫切需要新的手段去探索天体运行的规律。伽利略继承了哥白尼这一数理传统，并结合实验的手段，从而对自然规律加以量化的把握和形式的描述，使得科学探索世界的理性知识传统最终得以确定。伽利略这一使用数学和实验把握自然的方法典型地体现在他的小球斜面实验里：在该实验中，伽利略将小球从不同高度的斜面静止滚落，推导出物体下落的速度只与下落时间及物体质量有关，即自由落体定律。伽利略因使用数学与实验的方法以及他所取得的成就而被称为"近代科学之父"。值得一提的是，在无限视角的转换后还有另一种探索自然的进路：笛卡尔的"纯粹几何"进路。这种进路"想立即找到万物的本原，试图通过清晰而基本的观念来掌握第一原理，然后他可能就没有更多事情可做，而只能降低到自然现象的层面去追寻必然的因果联系"[1]。因为笛卡尔的"纯粹几何"在描述现象方面与牛顿的"数学与实验"进路相形见绌，所以最终我们看到的近代科学的清晰主线是：哥白尼其后的天文学家（伽利略等人所开创的"数学—实验"方法为牛顿所继承）建立了引力定律体系，在理论和经验领域比较完备地解释了自然界，完成了科学史上的第一次科学革命。但正如柯瓦雷对这两条进路评价时所言："心灵达到真理的旅程不是一条直线。这也就是这段探索的历史为什么会如此妙趣横生与激情四射的原因。"[2] 至此，科学开始以其独特的探索自然的方式以及这种方式带来的巨大成功彰显其独特的魅力。

---

① 柯瓦雷. 牛顿研究［M］. 张卜天，译. 北京：北京大学出版社，2003：195.
② 柯瓦雷. 牛顿研究［M］. 张卜天，译. 北京：北京大学出版社，2003：111.

三、 问题的分解

对"天体运动"这一元科学问题的探索，在经过哥白尼视角转换与伽利略的工具转换后，进入了一种分解状态，这种分解在牛顿那里完成，即对一种统摄天体运动与地上运动的物质运动的普遍而同一的规律的探索。因此，对牛顿来说，问题分解的关键在于：天体运动和地上的物质运动的统一何以可能？这个可能背后是对物质运动的本质、物质运动的原因、物质运动的规律这三个子问题的探索。

17世纪的近代科学家们都有一种拒斥亚里士多德自然运动的倾向，即拒绝一种对物质运动做内在动力的解释。在亚氏那里，这种各种元素趋向自己自然位置的内在动力的运动，尽管在天上与地上都是运动的普遍形式，但基于不同元素的物质其运动状态也不同：地上的四元素只能做不完全的、有限的直线运动，而由以太构成的天体则做完美的圆周运动。换言之，即便元素都做自然运动，但天上与地上的物质在元素构成与运动形态上都是有区分的。

牛顿取消了运动的内在性，以其物质微粒说为基础统一了天上与地上的元素，将物质运动定义为一种外在运动，即"外加的力是施加于一个物体上的作用，以改变它的静止的或者一直向前均匀地运动的状态——这种力只存在于作用之中，作用消失后并不留存于物体中。因为一个物体的新的状态只被惰性力保持"①。在牛顿那里，外在的力是改变物体运动状态的动力，若没有外力推动，物体将保持自身静止或匀速的状态。因此，天上的和地上的物质的区别被取消，整个宇宙的运动都由外在

① 牛顿. 自然哲学的数学原理［M］. 赵振江，译. 北京：商务印书馆，2006：2-3.

的力所控制，即引力的普遍而统一的原因的规制，遵循着牛顿的由数学工具描绘而成的万有引力定律。至此，牛顿完成了对"天体运动"这个元科学问题的分解，在取消天上与地上区分后终于以数学语言描绘出了一个同一的普遍的宇宙运动的规律。这是近代物理学诞生的完成，也是第一次科学革命的完成。

问题学视野下的科学史为我们展示了科学历程新的图景。以问题研究进路进入科学革命研究，深入到近代物理学诞生史的探索中，发现贯彻这段宏大历史始终的是对"合理解释天体运动"这个元科学问题的探索。哥白尼完成了视角的转换，伽利略以数学和实验工具开创了近代科学，牛顿真正分解了这个问题，以引力定律回答了时代问题。

通过问题进路对科学史进行探讨无疑让我们在理解科学的历程上有更加深刻的认识。问题进路将为科学史研究开启新的篇章，这是一个极其丰富的研究宝藏。因此，深挖问题在科学进程中的线索作用，展开一个更加宏大的科学史图景，应是未来科学史研究的重要方向。

四、 科学问题的内部史与外部史

由科学问题学对近代物理学革命的启动与影响，我们将进一步从科学问题的角度探讨科学的内史与外史。在科学思想史的背景下，问题线索的科学史在概念中逻辑的历史运动应关注到科学问题在科学研究中的重要性。

首先，科学研究并非始于观察，而是始于问题。传统的关于"科学研究始于观察"的观点谬误之处在于：一方面，科学观察只有通过引起问题才可导向新的科学研究。处于不同科学知识背景下、具有不同科研水平的科研人员，面对同一观察结果往往会有不同反应，只有那些引起理论难题的观察结果才有可能引发新的研究。另一方面，科学研究并非总是始于观察，也有可能源于科学理论内部的不自洽或不同理论间的矛盾等。因此，强调科学始于问题而非始于观察，才真正意义上体现经验事实矛盾与理论内部矛盾，即矛盾在科学发展中的根本地位。另外，问题推动研究，问题的深入就是研究的深入。科学问题并非简单的逻辑语句，而是一个问题系统，"问题的组织形态包括以下要素：元问题、子问题、问题链、问题网、问题群等"①。科学始于对元问题的研究，但并不终止于对元问题的回答。对元问题的研究通常延伸出更多的子问题，由子问题转而演化出更多的子问题。元问题和子问题的动态演化构成众多逻辑相承的问题链，问题链与问题链之间的联系组合成问题网与问题群。科学就是从对元问题进行研究开始，进而在子问题的研究中不断纵横推进，一部科学研究的历史就是问题的生成、转换、分解的历史。

问题在科学概念中的逻辑历史运动典型地体现在氧气发现的历史中。18 世纪初，面对"物质是如何燃烧的"这个元问题，斯塔尔等人将这个问题分解为"物质的构成""燃烧发生的条件"等子问题，并提出燃素说，即认为一切可燃烧的物质是因为其内部充斥着燃素。但燃素说面临着一个难题：它难以解释燃烧后本应减去重量的金属物质反而质量增加。1774 年 8 月，在燃素说的知识背景下，汞加热的实验中密闭玻璃罩内空气质量的减少与汞燃烧后质量的增加并未引起普利斯特利对燃素说足够的怀疑，即便他此时实际上已经认识了氧气，但此实验观察对他来说并非一个新的"问题"，因此普利斯特利并未能推动科学研究的进展。同年，拉瓦锡在普利斯特利的启发下通过汞的加热实验对燃素说产生了怀疑，即此实验观察引起了拉瓦锡的解释难题，终于于 1775

---

① 刘敏. 科学问题的生成及其进化机制［J］. 东北大学学报（社会科学版），2015，17（1）：8－13.

年宣布了支持燃烧的氧的发现。氧的发现推翻了燃素说，证明了氧气是物质燃烧的必要条件。此后关于燃烧所产生的子问题以及这些问题组合的问题网的研究促进了热力学、分子动力学、流体力学等多个学科的发展。

其次，问题角度的科学史研究也从科学问题与社会、文化的相互嵌入性方面考察科学问题产生的外部条件及科学问题的演化。这样的考察是必要的。所谓科学问题，即"某个给定的智能活动过程的当前状态与智能主体所要求的目标状态之间的差距"①，这里的智能活动主体的当前状态，指当前社会文明程度、知识体系所处的阶段、个体的知识掌握情况及智力状况等。一个三万年前的山顶洞人对天体运动的疑虑对他来说并非一个科学问题，因为对这个问题的回答远远超出其当前所处的社会状态，超出了这个时期关于这个问题的求解域，超出了他对目标状态所接近的可能，失去了其科学性。因此，只有当前状态与目标状态间的差距所包含的应答域是现实的，科学问题才有可能存在。另外，问题学发展仍方兴未艾，目前科学哲学界关于问题学的研究课题基本集中在科学问题的概念及其逻辑结构的分析中，尚未关注到科学问题与外部社会条件的关系。因此，对问题学视野下的科学史做一次兼顾内史与外史的探究，注重考查科学问题与社会文化的关系，也许是一次有益的尝试。

科学问题是科学研究的起点，是科学研究的灵魂，并对科学研究的展开和深入起着催化作用。因此，我们从内史与外史两个方面，以概念研究方法为主，实证研究方法佐证，结合社会学研究方法，对问题这一科学发展的线索进行全面把握，是可能描绘出一幅全新的科学史图景的。

---

① 林定夷. 问题与科学研究：问题学之探究 ［M］. 广州：中山大学出版社，2006：73.

第五章　实践维度下科学问题的地方性特质

科学实践哲学将科学理解为介入性的实践活动，将知识本质理解为地方性。在科学实践哲学视阈下，对科学问题的理解应从理论优位的科学问题观转向实践优位的科学问题观；实验室是科学问题实践的场所，并对科学问题的实践具有地方性情境作用，因而科学问题在其本质上是地方性的。科学问题的地方性表明科学研究始于科学问题的机会性实践，科学问题的深化推动着科学研究的深入，为我们理解科学研究的起点提供了新的思路。

第一节　科学问题的主体性

科学问题的孕育、形成和变化以及新问题的产生是一个由问题到问题的过程，这个过程是非线性的、生成的、复杂的。研究科学问题的生成，须用生成论的视阈及复杂性的眼光。

生成论的视阈，完全不同于机械论自然观所主张的构成论视阈。生成论认为，事物发展变化是一个产生和消逝不断交替的演化过程，强调自组织、不可逆性和非线性，叠加还原失效，超越还原论。在研究方法上，生成论抛弃了线性叠加和因果决定论，注重研究系统的条件和性状、开放和转化、涌现和突变、演化和分岔等①。生成论主张一种自组织的、动态的自然观。

一、 问题涌现的起点

问题并不一定是客观存在的，也不一定是必然会主动显现的。问题之所以成为"问题"，首先是因为主体对谜状态的一种感知，即对于存在于主体之外的矛盾，主体能意识到，才成为真正的问题。只有这种谜状态被主体意识到，加以重视并加以研究，问题才能形成。而问题的解决，很可能带来思想的革命，于是"革命之前科学家世界中的鸭子到革命之后就成了兔子"②。

1. 主体的困难意识

困难是一种状态，在这种状态下，主体会产生焦虑或迷惘。主体对困难状态的意识是问题生成之最根本的原因和动力。

波普尔曾把问题定义为困难，提出"问题就是困难"③ 的观点。波普尔坚持认为，"科学只能从问题开始"④，只有问题才能激励人们去思考、探索、检验、进一步观察。

但是，在一个问题（problem）转化成问题（question）之前，它最主要的特征是"不理想性"。不理想性很难被准确定义，但可以描述，"所谓的'不理想'可以视为某情形与智能主体先前拥有的知识、理解、信仰或期望等之间的不一致或差距，

---

① 刘敏. 生成的逻辑：系统科学"整体论"思想研究 [M]. 北京：中国社会科学出版社，2013：162.

② 库恩. 科学革命的结构 [M]. 金吾伦，胡新和，译. 北京：北京大学出版社，2003：101.

③ 波普尔. 走向进化的知识论 [M]. 李本正，范景中，译. 杭州：中国美术学院出版社，2001：72.

④ 波普尔. 猜想与反驳：科学知识的增长 [M]. 傅季重，纪树立，周昌忠，等译. 上海：上海译文出版社，1986：318.

或其他方式的某种非期望状态"①。

吉恩·阿格雷（Gene P. Agre）曾从社会学的角度为问题下过一个定义（应该说也是一个描述性定义）。他认为一个问题事实上包含了一个概念网络，这个概念网络包括以下概念：意识、不理想性、困难、可解性。他认为："问题首先是一种意识；不理想性是问题存在的一个判断标准；若判断一个问题存在其中要有困难因素存在；没有困难大到不可解的问题，问题是具有可解性的，否则就不是问题。"②

阿格雷比较细致地区分了这几个维度。但是笔者认为，这几点共同说明了一个问题，即问题的最终生成是具有主体性的，或者说是主体性认知的结果。

迈克尔·波兰尼在《解决问题》中认为："无困难就无问题，……某个问题或某个发现本身是没有含义的。只有当问题使某人产生疑惑或焦虑时，才能成为一个问题。例如，关于下棋方面的问题，对黑猩猩或低智商人来说，不会使他们产生疑惑，因此相对于他们也不能成为问题。同样，如果对高段棋手们来说，也不会使他们产生疑惑，因为他能轻松地解决它。"③

可见没有激起主体的焦虑和迷惑就不成困难，也就不成问题。为什么会焦虑或迷惑，因为查明和解决问题是不容易的。

英国历史学家柯林武德（Robin George Collingwood）在《历史的观念》中用"困难"来定义"问题"："如果历史知识没

① 幸小勤．"问题"及其构成要素的哲学考察［J］．重庆大学学报（社会科学版），2013，19（2）：141－145.

② AGRE G P. The concept of problem［J］．Educational Studies，1982，13（2）：121－142；转引自幸小勤．"问题"及其构成要素的哲学考察［J］．重庆大学学报（社会科学版），2013，19（2）：141－145.

③ POLANYI M. Problem solving［J］．The British Journal for the Philosophy of Science，1957，8（30）：89－103.

有遇到什么特殊困难并发明一种特殊的技术来解决它们，从而把它自己强加于哲学家的意识时，那么就不会发生什么问题。"①明确指出困难对问题的不可或缺性。

存在"不理想性"、主体具备"困难"意识，这都是思维创新与科研进步的主要驱动力。当存在"不理想性"、主体感知到困境、意识到困难的时候，人们就会努力去思考和解决这个困难。但要解决困难，必先清晰地表述出困难是什么，也就是说要把潜在的"问题"（problem）表述为明确的"问题"（question）。这里就涉及问题（question）的构建。

2. 问题的建构性

问题的建构性主要是指问题的表述。问题总是按照表述者的陈述最终才被认知，也才有机会进入科学的殿堂。

对问题的陈述本身，其重要性毋庸置疑。"如果某人希望去解决一个问题，他必须了解问题是什么。……研究问题的适当的陈述是研究最重要的部分"②。"非常清晰地去看问题以及用精确无误的术语去陈述它是研究过程中的首要要求"③。"一个细致的问题陈述对它的解决大有帮助"④。

3. 主体知识背景对问题生成的影响

主体的知识背景对问题生成的影响主要体现在两个方面：一是对困难情境感知的敏感性，二是问题表述的准确性。

一方面，从对困难情境感知的敏感性来看，对于一个存在

---

① 柯林武德. 历史的观念（节选本）［M］. 何兆武，张文杰，译. 北京：商务印书馆，2002：10.

② KERLINGER F N, LEE H B. Foundations of behavioral research［M］. 4th ed. California：Wadsworth Publishing，2000：24.

③ LEEDY P D, ORMROD J E. Practical research：Planning and design［M］. 8th ed. Upper Saddle River，N. J.：Prentice Hall，2005：49.

④ HICKS C R, TURNER K V. Fundamental concepts in the design of experiments［M］. 5th ed. New York：Oxford University Press，1999：3；转引自幸小勤. 科学问题生成的哲学研究［D］. 南京：东南大学，2013.

的困境，并不是所有参与者都能意识到这个"困难"或者"麻烦"。因为有些困难是显在的，而有些困难是隐藏的。只有有足够的知识背景、足够的专业敏感性，才能准确地意识到这些困难的存在。科学史上这样的例子比比皆是。所以从这一点上讲，敏锐的直觉、机遇、偶然性等都会影响主体对问题的感知，而这几点，无疑是和主体的知识背景密切关联的。

另一方面，从问题提出的角度看，一般地说，提问者的背景知识越深厚、科研能力以及对某一领域的关注度越高，那么他对问题的表述可能更明确。而问题一旦被明确表达，那么离这个问题被解决就不远了。

二、 科学共同体的影响

在大科学时代，问题能成为一个"科学问题"的决定性因素，除了发现问题、提出问题的研究者本人，还有一个环节很关键，那就是科学共同体。共同体对问题有"协商"的过程，同时就产生了"主体间性"的效应。

范式为科学共同体提供了一个问题评价的标准。库恩认为："科学共同体获得一个范式就是有了一个选择问题的标准，当范式被视为理所当然时，这些选择的问题被认为都是有解的。在很大程度上，只有这些问题，科学共同体才承认是科学的问题，才会鼓励它的成员去研究它们。"①

也就是说，在大科学时代，特别是现在的云计算、大数据时代，科学问题并不是由某一个或者某几个科学家来决定或者表达的，而往往是由共同体集体完成的。甚至，在当下，传统意义上的共同体也无法完成科学问题的提出和解决，因为科学

---

① 库恩. 科学革命的结构［M］. 金吾伦，胡新和，译. 北京：北京大学出版社，2003：34.

问题往往是由包括科学家、理论研究者、政府、技术监督管理部门甚至社群等团体共同协商一致，也就是说问题的提出与解决变成了一个多主体协商的过程。但从某种意义讲，这些多主体同时也形成了一个更大的"共同体"。这个多主体的共同体使得科学问题的提出更加具有协商的、主体性的意义。

第二节　SSK 视角下的实验室的地方性

科学知识社会学（Sociology of Scientific Knowledge，SSK）在建构论视阈下关注科学知识的空间生产，"SSK 确立的'建构主义'经验研究纲领，……不再纠缠于对知识之本性的认识论、合理性与相对性的争论，而是致力于对科学知识'现实'的社会建构过程的分析"[①]。学界通常认为，以 SSK 为代表的社会建构论者强调科学知识是社会建构的结果，而在一定程度上忽视了 SSK 对知识构造的空间特性的强调。本节在建构论视角下，分析 SSK 科学知识空间生产的路径变化，厘析科学知识生产的空间性特质，以促进对知识空间生产以及科学史空间叙事的研究。

一、　实验室作为科学问题实践的场所

传统科学观认为科学知识是客观而普遍的，而以 SSK 为代表的建构论者则强调科学知识及其中的科学问题是社会建构的产物。然而，学界在一定程度上也忽视了 SSK 内部所蕴含的对知识构造之空间特性的探究。事实上，在建构论视阈下，空间的异质性是科学知识诞生的生产性因素，SSK 对知识空间性的

---

① 阎莉 . SSK 何以选择自然主义的研究路径［J］. 东南大学学报（哲学社会科学版），2010，12（6）：22－26，134.

探究经历了一个变迁的过程。实验室研究是 SSK 空间研究形成的标志，实验室空间向公众空间的转向是知识空间研究的重要方向，而行动者网络理论（Actor Network Theory，ANT）对空间异质性的强调，以及科学知识索引性的空间与境性特质的揭示，均为 SSK 知识空间性研究的标志性结点，也是知识生产的重要空间特征。知识的空间性研究，对于科学史的空间叙事具有重要意义。

实践优位的科学问题观表明，科学问题并不依赖于系统化的理论背景，而是发生在实践性背景之下；科学研究始于对科学问题的机会性实践。而对科学问题的机会性实践具体体现在实验实践和实验室实践上。

与以往哲学家普遍忽视实验不同，劳斯提醒我们应对实验和实验室在科学实践中的地位进行不同于以往的理解。一方面，在劳斯看来，理论与实验的关系，并非仅仅是理论引导实验的设计以及对实验的解释，实验也反过来帮助我们理解理论告诉我们的东西；另一方面，劳斯赞同哈金关于"实验具有'建构现象'的作用"的观点。与自然界呈现出来的混乱相比，现象是清晰的、可被识别的。因此，实验的重要功能就是将混乱的自然界建构为可被识别的现象。此外，科学实验不仅可帮助我们理解理论告诉我们的东西，而且经常沿着自己的方向，探索理论未及的领域。

实验实践对科学研究的重要性要求我们关注到实验室及其仪器在科学中的地位。劳斯认为，"实验室不仅仅是作为科学家操作空间的建筑物或房间，……从根本上看，实验室是建构现象之微观世界的场所"[1]。

---

① 劳斯. 知识与权力：走向科学的政治哲学［M］. 盛晓明，邱慧，孟强，译. 北京：北京大学出版社，2004：25.

　　另外，就实际的科学研究而言，实验室的确是科学研究的重要场所。首先，科研场所发生了变更。与古典科学多集中在田野不同，现代科研的场所多集中在实验室。尤其是大科学时代以来，科研场所多集中在高校、研究所与企业实验室。劳斯认为，"即便是古典科学也并未超出"培根式"的倾向"①。其次，古典科学多是对自然现象做出观察，体现为对自然现象的描述性反映；而现代科学多是对自然物进行操作，例如高能物理学，体现为对自然物的加工与构造。正是现代实验室对自然物的加工与在此基础上建构实验室之外的世界，科学的实践特征才能得以反映。

　　因此，实验室也是研究科学问题的重要场所。首先，在进入实验室进行操作之前，科学家要综合各种因素，评估哪些科学问题值得实践。因此，对科学问题的机会性实践构成了实验室研究的首要步骤。其次，在具体的实验过程中，科学家对问题进行拆解和分解，以便有步骤地进行科学研究。再次，在实验结束之后，科学家对本次实验要解决的问题进行难度评价和价值评价，并为下一次可能的问题实践做准备。

二、 实验室在科学问题实践中的地方性情境作用

　　劳斯指出，实验室作为建构微观世界的场所，在科学实践中具有三方面的作用：实验室能够隔离和突出被建构的微观世界，实验室能够操纵和介入被构建的微观世界，实验室能够追踪被构建的微观世界。

　　而实验室对微观世界的作用，与在先确定的科学问题紧密相连。首先，根据在先确定研究的问题，通过设计实验方法、

---

　　① 劳斯. 知识与权力：走向科学的政治哲学 [M]. 盛晓明，邱慧，孟强，译. 北京：北京大学出版社，2004：106.

操控特定设备，实验室能够隔离和突出问题指向的现象和过程。实验室能够把和任何相关的外部影响因素隔绝开来，通过构建高度人工的简化环境来规避现象的无序复杂性，将问题指向的现象和过程凸显出来。其次，建构一个被隔离的微观世界，是为了以特定的方式操纵和介入问题指向的现象和过程。最后，实验室能够追踪被构建的微观世界。追踪涉及对实验室进程的控制，监视实验的正常运作，追踪的全过程都带着对问题的敏感：问题在哪里分解和转换，在多大程度上问题视为被解决，是否产生了新的问题？

另外，在实验室中，科学共同体的作用也不容忽视。可能的研究机会决定科学共同体是否能机会性地实践科学问题；科学共同体的精神气质影响着他们对科学问题的选择和研究的深入程度；特定的、经验性的技能不仅影响着对在先问题的操作和介入，也生产出实验中可能的新问题；共同体内部的协作方式以及根据当下实验室的情境对标准化方案的修改，都决定了当下问题是否能够以及以怎样的方式得到分解、转换与解决。

例如，为了减少可能的外力波动干扰，LIGO 对引力波探测器的选址和地质条件做了严格的考察，并以蓝宝石作为镜面反射材料，以达到高精确性的要求；LIGO 建造设计的高灵敏度、高精确性的激光干涉引力波探测器，能够在极端严格的环境下隔离外部不利因素，精准探测引力波；LIGO 的激光干涉引力波探测器能够以极其精准的方式操纵和介入引力波动；在实验人员的分工合作中，LIGO 实现了对引力波的精准追踪。而且，以基普·S. 索恩（Kip S. Thorne）、莱恩·威斯（Rainer Weiss）和罗纳德·德雷维尔（Ronald Drever）为主要发起人的 LIGO 把握住了探测引力波的研究机会，他们为了同一目标协同并进的合作精神与克服引力波探测器设计与建造过程中的技术问题的创新精神，LIGO 内部使用的特殊的实验方法和技能，以及不可复制的超过 100 个科学团队的合作，都使得 LIGO 成功摘得了实验探测引力波的桂冠。

三、 SSK 观照知识生产的空间转向

传统的实证主义科学观往往忽略了知识构造的空间特性。SSK 的研究表明，知识生产是高度依赖空间并携带空间地理特质与文化特质的。从这个意义上说，SSK 的研究使知识观具有一定意义的空间转向。亨利·列斐伏尔（Henri Lefebvre）在《空间的生产》一书中指出，空间作为社会产物，"是随着时间的变化持续得到增强或被再生产的，……空间的生产（和历史的创造）是社会行动和社会关系的手段和结果"①。布鲁尔（David Bloor）、拉图尔和塞蒂纳等人的建构论思想为研究科学知识的空间生产提供了重要的路径。SSK 的研究表明，科学知识是建立在科学家的实验室空间而不是哲学家的抽象世界中的。

SSK 对传统实证主义科学观忽视空间意识的做法进行了批判。在 SSK 看来，对科学知识的认识应当如同传统知识社会学对宗教、神话的认识那样，将科学知识当作一种深受社会与历史影响的文化现象来研究。布鲁尔等人提供了建构论视角，将科学知识视为实验室制造的结果，而科学知识的生产是实验室空间与公众空间互动的一项集体成就。在实验室空间中，社会、历史和文化因素对科学知识的空间生产均有建构性作用，科学知识是科学共同体借助实验室空间生产的产物。如塞蒂纳所言，实验室研究突出强调了与知识生产有关的所有可能的活动，科学对象是在实验室中通过'技能'制造出来的②。空间对知识生

---

① LEFEBVRE H. The production of space ［M］. New Jersey：Wiley-Blackwell，1991：9.

② 贾撒诺夫. 科学技术论手册［M］. 盛晓明，等译. 北京：北京理工大学出版社，2004：111.

产的作用主要通过实验室空间实现。迈克尔·林奇（Michael Lynch）也强调，实验室空间是"科学家构造和使用仪器，修改实验标本与材料，撰写文章和制作图片以及建立科学组织的场所"①。

SSK 关注的重点是科学作为地方性知识如何在空间中产生。布鲁尔、拉图尔和塞蒂纳等人深入到实验室中，分析科学知识怎样从实验室空间中产生。诚然，"知识是有限的，其自身体现为生产的结果，而且与空间的生产联系在一起。当然空间却不仅仅是建构主义所指出的科学实验室"②。实验室之外的公众空间也是科学知识的空间研究的重要一环，SSK 表明，实验室空间与公众空间密切相关，科学知识从实验室空间扩展到公众空间，超越实验室的边界，改变公众空间并重构社会秩序。

建构论的知识观强调科学知识是空间建构下的产物，在这一视角下"'作为实践的科学'观念开始取代'作为表象的科学'观念"③。面对这种转变，当代知识论在空间观的介入下，其轮廓正在重塑，这个过程的核心是建构论视阈下关于知识、空间、社会三要素汇合的跨学科论述。SSK 的诸多理论贡献，都体现出空间在建构科学知识生产中的独特作用。本小节在建构论视阈下通过对 SSK 的"强纲领"信条开辟的空间研究方向、行动者网络理论对空间异质性的强调以及知识索引性的空间与境性研究出发，探析 SSK 对科学知识空间性研究的推进。

---

① LYNCH M. Laboratory space and the technological complex：An investigation of topical contextures ［J］. Science in Context，1991，4（1）：51－78.

② 闫宏秀. 建构主义、知识的空间生产与历史性 ［J］. 江西社会科学，2007（4）：54－57.

③ 周丽昀. 科学实在论与社会建构论比较研究：兼议从表象科学观到实践科学观 ［D］. 上海：复旦大学，2004：121.

四、"强纲领"地方性研究的两个方向

爱丁堡学派的"强纲领"（strong programme）信条强调科学知识的生成裹挟在各种社会因素与文化因素之中，对研究科学知识的空间性具有特别的意义。"强纲领"打破了实证主义科学观忽视知识生产蕴含的空间情境的壁垒，开辟了科学知识研究的空间方向。

"强纲领"信条突出了社会因素与文化因素作用于空间的能力，"支撑知识存在的东西，当然是社会本身"①。布鲁尔等人致力于从社会学角度把科学实验室活动还原到产生地方性知识的社会情境当中。"强纲领"信条表明对科学知识空间研究的重点是"科学知识产生于一种情境性、地方性的实践，……所有知识都是与形成它们的思想家所处的局部情境联系在一起的……这种情境之所以没有发生变化，是因为对信念和行为进行解释的过程，有时候包含着有关行动者周围的物理世界的假定过程"②。"强纲领"信条下，科学知识不是个体的研究结论，而是在局部情境与空间中，在不同的社会因素与文化因素的背景下，经科学共同体磋商后的集体信念。因此，科学知识是实验室空间中被集体磋商的地方性知识，共同体磋商后的科学知识经过实验室空间转化到公众空间，实现了科学知识的普遍化。

"强纲领"信条引导了科学知识空间研究的两个方向：一是科学知识产生于地方性的实验室空间，二是实验室空间与公众空间密切关联。

---

① BLOOR D. Knowledge and social imagery［M］. Chicago：The University of Chicago Press，1991：72.

② BARNES B. On the conventional character of knowledge and cognition［J］. Philosophy of the Social Sciences，1981，11（3）：303-333.

一方面，科学知识产生于地方性的实验室空间，体现了"实验室研究"与"地方性知识理论"①的结合。史蒂文·夏平（Steven Shapin）强调，"在科学研究中，关于知识和地点的思考方法，建立和扩展了实验室空间的语境化倾向"②。布鲁尔也认为，"对于科学家来说，……他们要注意的是不同情境的地方性解释是如何构建知识意义的"③。SSK 关于"实验室研究"与"地方性知识理论"的进展，表现在布鲁尔等人用民族志或者人类学的研究方法，深入地方性实验室空间开展的案例研究。比如，拉图尔分析了萨尔克实验室的区划功能和"文学铭写"（literary inscription）④ 工作；沙伦·特拉维克（Sharon Traweek）考察了美国某个高能物理学实验室中科学共同体的状况；塞蒂纳对加利福尼亚大学研究中心进行了田野调查，认为实验室是制造知识的"作坊"；林奇用常人方法论介入实验室研究，强调科学知识的情境性与当下性；安德鲁·皮克林通过对粒子物理学进行社会学的历史考察，表明"夸克"（quark）是科学家借助实验仪器在实验室空间中建构的理论实体；夏平与西蒙·沙弗尔（Simon Schaffer）对利维坦与空气泵实验进行历史考察，突出科学知识产生的地方文化情境等等。这些研究表明布

---

①　"强纲领"研究的队伍中初步体现了对地方性知识的强调，如布鲁尔、夏平等人的思想。20 世纪 60 年代美国人类学家克利福德·吉尔兹（Clifford Geertz）在文化人类学的视角下提出的地方性知识观以及美国哲学家约瑟夫·劳斯在科学实践哲学意义上提出的地方性知识观都颇具影响，后者认为地方性是科学知识的本质。

②　OPHIR A，SHAPIN S. The place of knowledge：a methodological survey [J]．Science in Context，1991，4（1）：3－21.

③　BLOOR D. Wittgenstein：a social theory of knowledge［J］．Macmillan International Higher Education，1983，79（1）：xi＋213.

④　"文学铭写"源自法国哲学家雅克·德里达（Jacques Derrida）的"碑铭"（Scriptures）概念。德里达在《弗洛伊德与写作现场》（*Freud and the Scene of Writing*）中指出，碑铭装置和媒体技术是对弗洛伊德关于心理机制的隐喻和类比，德里达认为，弗洛伊德坚持强调梦不是一种语言的类似物，而是一种书写系统。拉图尔借鉴了德里达的"碑铭"思想，把实验室空间作为生产科学知识的铭写系统。

鲁尔等人已洞悉到实验室在科学知识的空间生产中蕴含的独特价值。

另一方面，实验室空间与公众空间密切联系、相互渗透。其一，科学知识的产生离不开公众空间对实验室空间的作用。科学知识并非实验室空间独自制造的结果，公众空间以权力和利益的形式（例如统治权、名誉威望、财政支持等）渗透到科学知识的生产过程中，并映射到潜在的科学记录中（例如科学成果的专利、论文发表的排名等等）。其二，科学知识从实验室空间产生后，有着向公众空间转化的内驱力，这体现着科学知识对合法化身份的追求。"只有完成了从私人空间到公共空间的转化，科学主张才能成功享有知识的特殊身份"①。SSK的诸多研究都表现了实验室空间与公众空间紧密关联。如拉图尔指出科学共同体与政府交涉以获得资金支持，与出版社协商来促进论文发表，与工厂沟通以改进实验仪器等，体现了科学知识离不开实验室空间与公众空间的交流。又如，布鲁尔在考察密立根油滴实验（Oil-drop experiment）时，强调密立根在论文发表时舍去部分数据，以提高实验的公信力，体现了科学知识从实验室空间到公众空间的转移蕴含着利益因素的驱使。实验室空间与公众空间无法完全割裂，实验室空间不仅是研究科学对象的地方性场所，还为科学知识能够以社会形式发挥功能创造了身份条件。例如英国的卡文迪许实验室（Cavendish Laboratory）因其丰富的科研成果而闻名于世，不仅吸引了诸多专家学者，也因其崇高的地位而备受社会大众关注。

---

① LIVINGATONE D N. Putting science in its place：geographies of scientific knowledge［M］. Chicago：The University of Chicago Press，2003：24.

无论实验室空间的地方性特质，还是其作为社会建制的公共空间性质，在一定意义上都蕴含着空间的异质性特征，而空间的异质性本身具有生产性特质。

建构论的知识观强调科学知识是空间建构下的产物，在这一视角下"'作为实践的科学'观念开始取代'作为表象的科学'观念"①。面对这种转变，当代知识论在空间观的介入下，其轮廓正在重塑，这个过程的核心是建构论视阈下关于知识、空间、社会三要素汇合的跨学科论述。SSK 的诸多理论贡献，都体现出空间在建构科学知识生产中的独特作用。本小节在建构论视阈下通过对 SSK 的"强纲领"信条开辟的空间研究方向、行动者网络理论对空间异质性的强调以及知识索引性的空间与境性研究出发，探析 SSK 对科学知识空间性研究的推进。

总之，在实验室中，通过设计实验方法、操控特定设备，使得隔离和突出问题指向的现象和过程，在当下实验室之外的情境中是不存在的；问题在实验室中得以被分解、转换，总是与实验室中特定的实验人员、工具、经验技巧紧密相关，这些在当下实验室之外的情境中也是不存在的；在实验室中，问题本身被视作解决以及由此产生的新问题，总是反映出地方性、偶然性、情境化的特征。这些都表明实验室具有问题的地方性情境作用，体现了科学问题在实验室中被分解、转移的介入性、情境性特征。因此，从根本上说，在实验室的特定地方性情境下，所生成的科学问题也是地方性的。

---

① 周丽昀. 科学实在论与社会建构论比较研究：兼议从表象科学观到实践科学观［D］. 上海：复旦大学，2004：121.

第三节　科学问题的机会性实践①

科学问题的地方性表明，研究机会是在各种因素的综合考量下决定哪些问题值得实践。换言之，科学研究始于对问题的机会性实践。这为我们理解科学研究的起点问题提供了新的思路。

在科学实践哲学视阈下看，科学研究始于机会：在具体的科学研究中，我们既有对问题的规范性评估，也有对研究机会的实践性评估，"如果不考虑现有的地方性资源和需要，就难以弄清研究机会是由什么来构成的"②。这种评估是介入性的、实践性的，这种评估构成了海德格尔（Martin Heidegger）的寻视性关注，"正是通过对赋予意义的行动作实践性的评估，才能给出可供利用的资源、目标以及在某个给定的研究领域中支配科学实践的标准"③。科学家会在对问题的规范性评估中，根据对研究该问题的机会评估结果，如当下的资源、技能的掌握、成功的可能性等，决定是否研究该问题。因此，科学研究始于机会而非问题。

关于科学研究起点问题的争论，如吴彤在《科学研究始于机会，还是始于问题或观察》一文中尝试建立一个弱版本的"科学研究始于机会观"，在这个弱版本的观点中，"机会在一定程度上整合着观察和问题对于研究的重要意义"④。"观察、问题

---

① 本节基于本人主持的课题组的讨论基础之上，主要内容由本人指导的硕士生时宏刚撰写。

② 劳斯.知识与权力：走向科学的政治哲学［M］.盛晓明，邱慧，孟强，译.北京：北京大学出版社，2004：22.

③ 劳斯.知识与权力：走向科学的政治哲学［M］.盛晓明，邱慧，孟强，译.北京：北京大学出版社，2004：93.

④ 吴彤.科学研究始于机会，还是始于问题或观察［J］.哲学研究，2007（1）：100.

和机会共同形成一种科学研究的起点性链条，形成实践性的科学研究的解释学循环：（1）通过机会性寻视，我们在评估自己和同行所掌控的资源的基础上，通过先前的实践寻找合适的研究项目或问题；（2）然后通过问题，我们更加具体地实践，并且观察到新的差异和推进原有的研究；（3）接着在原有研究推进的基础上，我们通过实验室的科学家社会协商的实践，寻找研究的新机会"[1]。

以问题的机会性实践作为科学研究的起点主要出于两方面考虑：

一方面，劳斯承认，理论冲突下的问题确实存在，虽然"有些重要的研究机会只能勉强视为此种意义上的问题"[2]。因此，科学问题的机会性实践不仅在实践意义上等同于研究机会，也能够反映出理论矛盾在规范性意义上对科学活动的影响。理论矛盾决定了出现在科学家视野中的科学问题，研究机会决定了这些问题能否得以实践。

另一方面，通过考察林定夷对科学问题的定义，我们也可以以问题为基点，整合观察和机会对于研究的重要意义，建立实践性的科学研究的解释学循环。

科学问题，在林定夷看来，即"某个给定的智能活动过程的当前状态与智能主体所要求的目标状态之间的差距"[3]。林定夷定义了疑难的分类：知识性疑难、探索性疑难。并将科学探索性疑难视为真正的科学问题，因为后者"产生于对科学背景知识的分析，反映当前科学技术背景能力对于所提问题的求解

---

① 吴彤. 科学研究始于机会，还是始于问题或观察［J］. 哲学研究，2007（1）：100.

② 劳斯. 知识与权力：走向科学的政治哲学［M］. 盛晓明，邱慧，孟强，译. 北京：北京大学出版社，2004：92.

③ 林定夷. 问题与科学研究：问题学之探究［M］. 广州：中山大学出版社，2006：73.

理想的差距"①。这里的科学探索性疑难也是情境性与实践性的。对科学问题的求解,即"设法消除给定过程的当前状态与所要求的目标状态之间的差距"②,也反映着解决科学问题是主体关涉的。

因此,林定夷问题学视阈下的科学问题具有两个特点:(1)科学问题并非超历史和超情境的,而是与智能活动主体的当下状态和目标状态有关,是主体关涉的,是情境性的;(2)科学问题的求解是机会性的,需要主体评估当前面临的问题的难度与自身解决问题的能力。

以科学问题为基点整合观察与机会,我们也可以建立一个实践性的科学研究的解释学循环:(1)通过对观察的敏锐性,我们在自身背景知识能力和实践能力基础之上发现问题;(2)通过对他人和自身资源等的评估,寻求解决问题的机会;(3)接着在原有研究推进的基础上,我们通过实验室的科学家社会协商的实践,寻找新的科学问题。引力波问题来自爱因斯坦广义相对论未完成的拼图。LIGO探测引力波的过程表明,通过对引力波问题实践性评估,如对科学荣誉、技术、资金的评估,构成的研究机会,LIGO最终成功探测了引力波。

通过略论林定夷问题学的"科学问题"的概念,尝试建立以问题为基础的科学研究的解释学循环,这使得我们对科学研究的起点有了新的理解。诚如约翰·齐曼(John Ziman)在《真科学:它是什么,它指什么》一书中所言,"科学问题的重要性不仅依赖于它在知识领域的前沿程度,同样也依赖于研究者的仪器、设备和专业素质"③。因此,在实践优位

① 林定夷.论科学问题[J].现代哲学,1988(2):55.
② 林定夷.论科学问题[J].现代哲学,1988(2):54.
③ 齐曼.真科学:它是什么,它指什么[M].曾国屏,匡辉,张成岗,译.上海:上海科技教育出版社,2002:228.

的科学问题观下，我们可以把对问题的机会性实践视为科学研究的起点。

第四节　LIGO 引力波探测问题的实践考察[①]

激光干涉引力波天文台（Laser Interferometer Gravitational-Wave Observatory，LIGO），是美国国家自然科学基金会（National Science Foundation，United States）于 1992 年批准建立的引力波天文观测台。2016 年 2 月 11 日，LIGO 科学合作组织召开发布会向全世界宣布，人类首次直接探测到了引力波，"2015 年 9 月 14 日协调世界时 09：50：45，在 Hanford 和 Livingston 的两台 LIGO 探测器先后探测到一次时长短于 1 s 的引力波信号，数据均经过 35～350 Hz 的带通滤波"[②]。这在"证明爱因斯坦广义相对论"以及"以新的方式观测宇宙"等方面意义非常。2017 年 10 月 3 日，LIGO 实验室的主要负责人基普·S. 索恩（Kip S. Thorne）、莱恩·威斯（Rainer Weiss）和巴里·C. 巴里什（Barry C. Barish）因此贡献获得 2017 年度的诺贝尔物理学奖。LIGO 作为具有完整实验室建制的共同体，其实验室内部流转着的精神气质正是它取得如此巨大的科学成就的重要原因。

引力波探测问题的艰难并没有阻止物理学家们的脚步，在漫长的半个多世纪里，各个引力波探测的科学共同体付出了巨大的努力，最终 LIGO 于 2015 年成功探测到引力波，将

---

① 本节参见本人指导的硕士学位论文：时宏刚. 科学问题观的实践转向研究：以 LIGO 引力波探测问题为例 [D]. 南京：东南大学，2022，有改动。

② ABBOTT B P，ABBOTT R，et al. Observation of gravitational waves from a binary black hole merger [J]. Physical Review Letters，2016（6）：116.

广义相对论的拼图补全。LIGO 引力波探测史是佐证本节观点的重要案例。因此，辨析应以何种立场考察引力波探测问题，并且对 LIGO 引力波探测问题作实践考察，是本节的主要内容。

一、 在实践立场下考察引力波探测问题

1. 广义相对论如何预言引力波

引力场理论（Gravitational-field Theory）是广义相对论（General Relativity）的基础。由于 19 世纪麦克斯韦电磁场方程（Maxwell field equations）的巨大成功，爱因斯坦相信引力场中也如电磁波（electromagnetic wave）一样存在着引力波（gravity waves），用以描述时空弯曲（flection timespace）产生的引力辐射（gravitational radiation）。然而，爱因斯坦发表广义相对论后，一度对广义相对论预言的引力波是否存在产生怀疑。

电磁场（electromagnetic field）中，由于自然界存在着正负电荷，在质量守恒定律（the Law of Conservation of Mass）的作用下，只有一个源的单极辐射是不存在的；而电磁场中存在最多的就是偶极辐射源（dipole radiation source），轴线两端分布着极，这在电磁学中是完全正常的。由于动量守恒定律（the Law of Conservation of Momentum），引力源的移动必须有一个动量相同的反向运动的物体与之相抵消，但是自然界中并不存在负质量，因此偶极辐射的引力波是不可能存在的。正是意识到这一点，1916 年初，爱因斯坦否认了引力波的存在。然而，在之后的几个月里，爱因斯坦放弃了原先使用的幺模坐标系（Unimodular coordinate system），找到了新的基于狭义相对论（Special Relativity）的线性化近似方法，解出了引力的线性方程组，该方程组能够表示平面引力波。1918 年，爱因斯坦向

普鲁士科学院提交了一篇关于引力波的论文①，在这篇文章中，爱因斯坦基于新的方法详细地讨论了解引力场的近似方程、引力场的能量分量等问题，论证了引力波的存在。然而，1936 年，爱因斯坦在与罗森（N. Rosen）合著的文章《引力波存在吗?》（*Do Gravitational Waves Exist?*）② 中认为由于无法在描述波的度规中引入奇点（singularity），得不出平面引力波的精确解，从而否定了引力波的存在；后来他们通过改变坐标的方式处理奇点问题，得到了柱形波的精确解，最终确定了引力波的存在。在转投到《富兰克林研究学报》的这篇文章《论引力波》（*On Gravitational Waves*）中，爱因斯坦表明，柱面引力波的严格解是存在的，"问题就归结为欧几里得空间中通常的柱面波"③。

至此，爱因斯坦经过严格的数学论证证明了引力波的存在。然而，广义相对论的引力波预言迟迟得不到实验验证，原因在于引力波的强度极其微弱，例如，"在广义相对论中，由于引力的效应大小直接正比于引力常数 G，而相比于其他相互作用（强相互作用、弱相互作用、电磁相互作用），引力耦合是非常弱的。这就意味着，想要产生很强的时空几何力学过程，必须有非常极端的物理环境，比如双黑洞合并"④。因此，引力波是理论上可以预言但实际上难以探测的，广义相对论空缺的拼图被发现了。

---

① 范岱年，赵中立，许良英．爱因斯坦文集：第二卷［M］．北京：商务印书馆，1977：367 - 383.

② 该文章投到著名的物理学期刊《物理评论》（Physics Review）遭到拒稿，爱因斯坦生气之下将文章转投到《富兰克林研究学报》（Journal of the Franklin Institute）。肯尼菲克．传播，以思想的速度：爱因斯坦与引力波［M］．黄艳华，译．上海：上海科技教育出版社，2010.

③ 范岱年，赵中立，许良英．爱因斯坦文集：第二卷［M］．北京：商务印书馆，1977：436.

④ 刘见，王刚，胡一鸣，等．首例引力波探测事件 GW150914 与引力波天文学［J］．科学通报，2016，61（14）：1504.

2. 仅作为表象理解的引力波探测问题

表征主义科学问题观将引力波探测问题仅仅作为以语言为中介呈现出来的表象去理解，因而无法刻画 LIGO 对引力波探测问题的研究过程的真实面貌。对逻辑实证主义者来说，爱因斯坦已经对广义相对论预言的引力波做了严谨的数学方程表达，判定引力波是否存在在经验数目上是有限的，因而引力波探测问题在原则上是可回答的；LIGO 对引力波探测问题进行研究的全部工作，就是对引力波是否存在进行严格的经验证实。对波普尔来说，引力波探测问题是客观世界的一员，对引力波是否存在的经验验证是广义相对论否定式增长的关键一环；LIGO 对引力波探测问题研究的启动只是通过分析广义相对论的逻辑结构进行的。在库恩看来，针对引力波是否存在的问题，一开始范式尚未形成，不同科学家以不同方式尝试对其进行解答；LIGO 是引力波探测问题的一个提出者与解决者，LIGO 对引力波的成功探测形成了新的解决问题的范式，由此进入常规科学时期，许多科学共同体在 LIGO 的解题范式下继续观测引力波，以加强范式解决问题的能力。对劳丹而言，引力波的存在首先是广义相对论内部已经解决的概念问题，但其在经验意义上尚未得到解决；LIGO 对引力波探测问题的研究就是在经验意义验证引力波是否存在。LIGO 成功观测到引力波表明广义相对论解题的有效性，由此，广义相对论在解释高速运动的物理现象方面的有效性超过了牛顿力学，科学进步产生了。在科学知识社会学家们看来，引力波探测问题的产生及 LIGO 的引力波探测活动受到了诸如政治、文化、利益因素的影响，引力波探测问题是社会决定的产品。

将引力波探测问题仅仅作为表象去理解，也就产生了对引力波探测问题的表征是否与真实引力波探测问题研究中所呈现出来的实际结果相符合的问题。从逻辑实证主义到科学知识社会学，他们都无法走出表象去理解 LIGO 对引力波探测问题的研究活动。我们不能仅仅停留在将引力波探测问题作为表象的知识体系去理解，而应在 LIGO 具体的科学研究活动中理解引力波探测问题。换言之，要在实践立场下将物质的、社会的、时间的维度纳入对 LIGO 引力波探测问题研究的说明中来。

二、 LIGO 引力波探测问题研究中的实践冲撞

1. 韦伯对引力波探测问题的机会性实践

20 世纪初盘旋在物理学上的"两朵乌云"中，光的波动理论（Wave Theory of Light）促成了相对论（Theory of Relativity），黑体辐射（Black Body Radiation）和"紫外灾难"（Ultraviolet Catastrophe）促成了量子力学（Quantum Mechanics）。在爱因斯坦广义相对论发表的最初十年里，对广义相对论的研究还较为兴盛。然而，随着 20 世纪 20 年代量子力学的兴起，对广义相对论的研究就逐渐减少，原因之一在于大多数人都意识到广义相对论的事实预测需要极其精密的仪器、多学科领域的团队协作、庞大的物质资源等。总之，引力波探测问题属于极其复杂的探索性疑难，以至于物理学家们感到在这个领域前途黯淡。而且，由于广义相对论方程简洁优美，"在 1925 年到 1955 年这 30 年间，活跃在这个领域的大多数人都是数学家"[①]。"二战"后，西方世界看到基础科学在战争中的巨大潜力，开始大规模资助基础科学家们的研究。另外，20 世纪 50 年代以来，天体物理学的蓬勃发展也为广义相对论打开了新的广阔空间，越来越多的科学家开始参与进广义相对论实验验证

① 肯尼菲克. 传播，以思想的速度：爱因斯坦与引力波［M］. 黄艳华，译. 上海：上海科技教育出版社，2010：118.

的实践性评估中，实验探测引力波所需要的物质条件和团队基础也逐渐成熟起来。

第一个较为著名的对引力波探测问题进行机会性实践的科学家是美国物理学家约瑟夫·韦伯（Joseph Weber）。1967 年，韦伯宣布，他通过自主设计的地面引力波探测器——共振棒探测器（韦伯棒），发现了引力波存在的证据，"该探测器是一个长 1.5 m、直径 0.61 m 的大型圆柱形铝棒，重 1.2 t。在室温下该探测器的第一级纵向机械模式的本征振动频率是 1.66 kHz，带宽约为几个赫兹，当入射引力波的频率和探测器的振动频率相同时，探测器将会共振。这一机械振动的信号由一系列放置在探测器上的压电晶体接收转换为电信号放大后输出，再经过复杂的信号处理过程最终得到引力波信号"[①]。遗憾的是，此后有其他学者采用同样的方案进行实验，却无一人探测到引力波，因而韦伯的探测成果未得到学界的承认。

"一般说来，韦伯的共振棒探测器存在以下几个缺陷：受限于当时的材料水平和计算能力，灵敏度低；受限于铝制材料，频率范围过窄，无法探测到所有频率上的引力波源；最重要的，无论多么灵敏的探测器，也无法忽视微观尺度上的量子干扰"[②]，"1975 年，世界上最好的探测器的灵敏度比量子力学的极限要低上一亿倍"[③]。"因此，尽管在此后的五十年内，共振棒探测器不断地得到改进，诸如还是未能直接观测到引力波。2007 年，最后一个低温引力波探测器 ALLEGRO 也终止了运行"[④]。

① 刘见，王刚，胡一鸣，等. 首例引力波探测事件 GW150914 与引力波天文学 [J]. 科学通报，2016，61（14）：1504.
② 时宏刚，刘敏. 精英科学家师承链系统影响研究：基于 LIGO 实验室传承分析 [J]. 系统科学学报，2018，26（1）：121-122.
③ 布莱尔，麦克纳玛拉. 宇宙之海的涟漪：引力波探测 [M]. 王月瑞，译. 南昌：江西教育出版社，1999：161.
④ 时宏刚，刘敏. 精英科学家师承链系统影响研究：基于 LIGO 实验室传承分析 [J]. 系统科学学报，2018，26（1）：122.

　　尽管韦伯对引力波探测问题的机会性实践宣告失败，但是韦伯解难题的尝试及其积累的技术经验激励了一大批科学家。"在 20 世纪 70 年代早期，他做出了一系列具有独创性的修改，从而使得其他实验室试图重复他的工作"①。其中就有后来 LIGO 联合创始人之一的基普·索恩。

2. 冲撞与共振棒探测器的极限

　　1963 年，索恩参加了广义相对论引力定律的暑期讲习班。在为期两个月的紧张学习里，索恩与韦伯朝夕相处，并为韦伯探测引力波的决心所激励，埋下了从事引力波探测事业的种子。因此，尽管 20 世纪 60 年代引力波探测事业尚处萌芽，棒状探测器的前景尚不明朗，索恩还是开始了对引力波探测事业的机会性实践。索恩在对科学问题的实践性评估中，想为科学事业做出一点贡献的决心占据了很大一部分。

　　对韦伯来说，引力波探测问题只需要分解为有限的实验问题，如探究合适的材料、提高计算能力、合理设计实验等。然而索恩注意到，引力波探测问题不仅需要考虑具体的实验问题，还需要对广义相对论的基础做进一步研究，判断何种天文事件的发生有可能产生足以扰动探测器的引力波，以及发明一些数学工具来解读引力波弹奏的时空乐章。

　　在有步骤地问题分解下，索恩一开始的做法也是改进共振棒探测器，为此，他需要提高探测器的灵敏度以提高成功探测的可能性。然而，在同样受到韦伯鼓舞并开始共引力波探测事业的苏联实验物理学家布拉金斯基（Vladimir Braginsky）的不断提醒下，索恩终于意识到共振棒探测器存在着一个根本的最

---

① 柯林斯. 改变秩序：科学实践中的复制与归纳 [M]. 成素梅，张帆，译. 上海：上海科技教育出版社，2007：69.

终极限，即"棒探测器的最终灵敏度严格受测不准原理[①]的限制"[②]。在宏观物体中，共振棒探测器不可能受到测不准原理的限制；然而，共振棒探测器的灵敏度精确到 10^{-21} 级，在这个尺度上，几乎无法避免棒振动的反作用力，从而掩盖了引力波对棒的影响。索恩等人并未灰心，在布拉金斯基的启发下，1977年，索恩成功设计了量子无破坏传感器。该传感器应用在振动棒的两端，在振动的每个周期里测量棒端的位置并对棒产生反作用力以抵消扰动，这样就可以精确地测量到引力波的扰动。

在共振棒探测器的设计中，索恩等人不断地改变、组合、建造更精确的棒状探测器的物质序列。在他们的积极应对中穿插着因材料限制、设计上的不合理而遭遇到的物质力量的阻抗及其带来的人类力量的消极被动与改进材料、改善设计的适应，人类一次次地展示出自己的力量和作用，以期捕获引力波的轨迹。然而，到了20世纪80年代中期，索恩却对共振棒探测器的前景不太乐观：一方面，共振棒探测器的材料进步太缓慢；另一方面，引力波的交响频率范围很宽，而单个的共振棒探测器所能探测到的频率很窄，增大棒的带宽所需要的技术进步也无法想象。

在20世纪60年代，在索恩开始建造共振棒探测器探测引力波时，他完全不知道包括他在内的所有在共振棒探测器上努力的科学小组都将一无所获，即便是富有远见的布拉金斯基，也不确定共振棒探测器的物质效力最终能否捕捉到引力波的振动。在对共振棒探测器的改进中，索恩独立设计出来的量子非

---

① 量子物理物理学家海森堡（Werner Karl Heisenberg）于1927年提出测不准原理（Uncertainty principle），表明在微观尺度上由于人类测量的干扰，不可能同时精确地测量粒子的位置和速度。

② 索恩. 黑洞与时间弯曲［M］. 李泳，译. 2版. 长沙：湖南科学技术出版社，2000：343.

破坏传感器在真实的时间结构中没有确定的解释，阻抗与适应在这里发生了，然而索恩看到了共振棒探测器自身的极限，它所面临的物质力量的阻抗最终是无法通过有目的的调节来适应的。在真实时间的实践活动中，最初围绕共振棒探测器的问题在索恩适应瞬时突现的阻抗过程中偶然地转换了：他转而投入了建造激光干涉仪引力波探测器的努力中。

三、 冲撞与 LIGO 实验室的组建及其规训特性

20 世纪 70 年代，索恩还没有对共振棒探测器感到失望。为此，他希望在加州理工学院开展一个引力波探测计划。加州理工学院同意了他的计划，但是要求他找到一个杰出的物理学家领导这个计划，并且要把这个项目做大。索恩意识到，以科学小组为单位进行引力波探测的小科学模式因为已经不能适应需要耗费巨大资源的引力波探测项目了，为了成功探测到引力波，索恩决心组建一个引力波探测的实验室共同体，以共同应对所有的挑战。值得注意的是，在引力波探测中，共振棒探测器的技术进步与小科学的研究模式是对应的，他们在人类力量与物质力量的冲撞中缓慢地推进着引力波探测事业；对索恩来说，他一开始无从知晓最终会以哪种研究模式推进引力波的探测，但是在转向激光干涉引力波探测器的研究中，他的研究模式也在冲撞中突现式地更改了。

"LIGO 早期有三位发起人。起初，从 20 世纪 70 年代开始，美国加州理工学院的索恩与美国麻省理工学院的威斯各自领导了一个引力波探测器小组；英国格拉斯哥大学的罗纳德·德雷维尔也在进行着激光干涉引力波探测器的实验探测工作。在激光干涉引力波探测器出现的早期，威斯和德雷维尔各自对可能使探测器发生问题的因素进行探索，以推动激光干涉引力波探

测器进入实际观测阶段"①。

"走向合作是令人痛苦的，松散的各自为战并不适合大型野外激光干涉引力波探测器的建造、调试、运行"②，"为了把费用控制在计划内并在有限时间内完成干涉仪，需要一种不同的工作模式：一种密切协作的模式，每个组的各小组要集中到一个确定好的目标上来，每个负责人要决定该做什么，谁来做，什么时候做"③。

"1977 年，索恩邀请德雷维尔加入加州理工学院的引力波探测小组，在德雷维尔的建议下，索恩放弃了共振棒探测器转向激光干涉引力波探测器的研究；1984 年，应美国国家科学基金会的要求，加州理工学院的小组与麻省理工学院的小组合并，但德雷维尔与威斯并不总是合作到一块去：德雷维尔是一个富有想象力与创造力、行事不受拘束的科学家"④，"德雷维尔每天都会在他的团队中释放出大量的想法，但决策稀缺"⑤；威斯则是一个典型的德国人，严谨且固执。真正的决定从来没有被敲入键盘，从来没有实现印刷，实际上从未被制作过。威斯和德雷维尔之间的紧张关系，不相容的风格影响了威斯的吸引力和前进的决心，德雷维尔的聪明阻碍了每一次可能有的任何效果。最终，他们三人都没有做出决定"。

———————————

① 时宏刚，刘敏．精英科学家师承链系统影响研究：基于 LIGO 实验室传承分析［J］．系统科学学报，2018，26（1）：123.

② 时宏刚，刘敏．精英科学家师承链系统影响研究：基于 LIGO 实验室传承分析［J］．系统科学学报，2018，26（1）：123.

③ 索恩．黑洞与时间弯曲［M］．李泳，译．2 版．长沙：湖南科学技术出版社，2000：359.

④ 时宏刚，刘敏．精英科学家师承链系统影响研究：基于 LIGO 实验室传承分析［J］．系统科学学报，2018，26（1）：123.

⑤ LEVIN J. Black hole blues and other songs from outer space［M］．New York：Alfred A. Knopf, 2016：46.

为了使激光干涉引力波探测项目得以顺利进行，1986 年，美国国家科学基金会找到了洛比·沃格特（Robbie Vogt）请其担任小组的主任，统一策划并组织小组的科学实验活动。新的共同体更加紧密、高效，"他们所做的所有工作都围绕着 4×4 的公里的激光干涉仪这一宏伟目标"[①]。

在实验室成员的通力合作下，他们相继解决了干涉臂内压强问题、镜面反射干扰问题、量子极限等子问题，这样，LIGO 的大科学研究模式同它操作过程中的物质要素在阻抗与适应的辩证法运动中实现稳定，在分解问题与逐步解决中最终于 2015 年成功探测到了引力波，"2015 年 9 月 14 日协调世界时（UTC）9 时 50 分 45 秒在 Hanford 和 Livingston 的两台 LIGO 探测器先后探测到一次时长短于 1 s 的引力波信号，数据均经过 35～350 Hz 的带通滤波"[②]。此外，LIGO 科学合作组织（LIGO Scientific Collaboration，LSC）的规训特性也在这里显现出来。LIGO 的成员来自全球 18 个国家的 100 多个机构，有 1 000 多个科学家为它工作。在 LIGO 成员名单[③]中，几乎都为世界一流大学的实验室。他们分工协作，共同为探测引力波努力着。其中，中国唯一入选 LIGO 成员名单的是清华大学的曹军威团队，该团队参与了引力波的数据分析工作。LIGO 数据分析的一个难点就在于实时计算并分析大量的引力波。在真正开始分析之前，曹军威团队成员对所受的科学训练、他们的日常交流、他们在实验室中面对大量数据的处理经验、成员间的分工如何应用到引力波数据分析是难以想象的。合作精神在阻抗与适应的辩证

① 布莱尔，麦克纳玛拉. 宇宙之海的涟漪：引力波探测［M］. 王月瑞，译. 南昌：江西教育出版社，1999：195.

② ABBOTT B P，ABBOTT R，ABBOTT T D，et al. Observation of gravitational waves from a binary black hole merger［J］. Physical Review Letters，2016，116（6）：061102.

③ 数据采集截至 2020 年 2 月 19 日，详见 https：//my. ligo. org/census. php.

法中瞬时突现，并在一次次的问题研究中完成了对自我的规训：最终，他们"基于各种算法和计算技术，提出了用于 LIGO GWB 搜索的实时基础结构"[①] 来应对引力波的数据分析。

四、 LIGO 解题模型的开放性终结

在传统理论优位的科学问题观下，爱因斯坦广义相对论是已被大量经验事实验证的系统性的科学理论，它为我们提供了一幅不同于牛顿宇宙的新的世界图景。广义相对论的最后一块未完成的拼图——引力波问题来自爱因斯坦广义相对论对引力波存在的科学预测与未被观测到的引力波之间的矛盾，这种不相容性长久以来吸引着全世界各地的科学共同体对其进行实验探测。

然而，在实践优位的科学问题观下，广义相对论是牛顿宇宙崩塌之后新的解难题的范例模型，科学家在解难题的活动中相应地对广义相对论进行修改和拓展。在对引力波问题的实践性评估中，首先，引力波问题作为世纪难题，正是其中蕴含的巨大的科学荣誉使得如此之多的科学共同体前赴后继；其次，20 世纪 50 年代以来从约瑟夫·韦伯共振棒引力波到激光干涉探测器技术的进步，使得实验探测引力波的可能性大大增强，更多的科学共同体，如德国马克斯·普朗克研究所（Max-Planck-Institute，MPI）与英国格拉斯哥大学（University of Glasgow）合作建造 GEO 600、法国科学研究中心与意大利核物理研究所合作建造 VIGEO，都加入探测引力波的阵营中来；再次，建造引力波探测器所需的资金也能得到社会各界的资

---

① CAO J W，LI J W. Real-Time gravitational-wave burst search for multi-messenger astronomy［J］. International Journal of Modern Physics D，2011，20（10）：2042.

助，如成功探测引力波的 LIGO 在美国自然科学基金会的资助下建造了位于两个不同地方的 4 公里级的激光干涉引力波探测器。正是对当下资源的评估与摘得实验探测引力波的桂冠的激励构成了引力波问题的研究机会，我们才能在对引力波问题的机会性实践中参与世界，在证实引力波的同时加深我们对世界的理解。

在人类力量与物质力量阻抗与适应的辩证法运动中，LIGO 最终拓展了他们的解题模型：在大科学的研究模式下，集合光学、材料学、天文学、物理学、计算机科学等领域的专家，组建实验室共同体及成规模的合作组织，建造两个相距 3 000 公里以上的 4 公里级的激光干涉引力波探测器并运作；LIGO 实验室共同体的规训特性与组织形式同它操作过程中的物质要素在阻抗与适应的辩证法运动中拓展着实验室自身的解题模型，它们各自的轮廓在实践的时间性中突现。目前，LIGO 还与更多的机构合作拓展自身的模型，他们共同为开启多信使天文学努力着。LIGO 的解题模型也在物我冲撞的辩证法运动中走向开放性终结。

因此，我们只有将科学问题观转变为实践的科学问题观，才能对科学问题做更加深入的思考。

第五节　精英科学家师承链对问题传承的影响[①]

大科学时代以来，自然科学的突破性研究成果往往由那些智力卓绝、分工精细的精英科学家共同体取得。精英科学家共同体不仅在科学研究的数量与质量上成就卓越，也在自身的传承中培

[①]　本节原文发表于：时宏刚，刘敏 . 精英科学家师承链系统影响研究：基于 LIGO 实验室传承分析［J］. 系统科学学报，2018，26（1）：119-125，有修改。

养着一代又一代的科学精英。引力波探测团队——LIGO 实验室成功探测到引力波，填补了实验证实广义相对论领域的最后一块拼图，与其团队内部以实验室为场所、以科学家们个人的精神气质等为纽带的实验室传承作用的发挥密不可分，这种实验室传承关系对于科学问题的延续、科学精英的培养亦具有重要意义。

"科学共同体内的师承关系"是学界较为关注的现象，针对这一现象的研究已有很多，成果也很丰富。本节将实验室看作一种特殊的师承场域，从这一视阈出发探究精英科学家的师承链及其影响，亦是一种有益的尝试。

一、 实验室传承：特殊的师承链

1. 师承链与学术谱系

师承关系古已有之。所谓师承关系，"有广义和狭义之分。广义的师承关系是指社会上个体之间的相师相学、继承者与被继承者之间相互承接的关系，包括父母与子女的关系、师傅与徒弟的关系、老师与学生的关系等。狭义的师承关系指与学校或技艺有关的师傅与徒弟、老师与学生之间的相互承接的关系，其主要形式是师傅与徒弟、老师与学生之间的关系"[①]。而师承链，则是在师生传承关系中形成的稳定的传承链条，这个链条链接的不仅是那些久经实践检验的客观知识，还包括这个群体中特殊的精神气质。

科学家群体中也存在着师承链，塑造着不同科学家群体的学术谱系。在科学家群体的社会分层中，存在着普通科学家与精英科学家的群体之分。两个群体同为增进科学知识的目标奋斗，但普通科学家处于层级结构的下层，从事着常规

---

① 郭飞. 科学史中的师承关系初探［J］. 西华师范大学学报（哲学社会科学版），2006（4）：42-46.

的科学研究活动；而精英科学家们在各自领域做出了巨大贡献，他们取得的往往是突破性的研究成果。从普通科学家群体与精英科学家群体的学术谱系的三向纬度上看，普通科学家群体在学术背景、学业师承和学术网络方面与精英科学家群体都相去甚远。精英科学家群体通常更能吸引具有良好学术背景的人才，在培养人才、继承衣钵、构建更为广阔立体的学术网络方面也比普通科学家群体更为有力。师承链在其中发挥了重要作用。

实验室是科学研究活动的重要场所，也是师承链发挥作用的重要场所。在科学研究活动中，实验室科学家之间、实验室各成员之间不仅传授着人类共有的知识财富，还流转着特性鲜明的实验室精神气质。这种气质作为实验室传承的重要内容，成为以实验室为场所的精英科学家共同体不断取得重大科学研究成果的重要源泉。

LIGO 实验室正是此中的典型代表。2015 年 9 月 14 日，LIGO 实验室宣布探测到引力波，实验室的三位主要负责人也因此贡献获得了 2017 年的诺贝尔物理学奖。LIGO 实验室中流转着诸如合作精神、创新精神等精神气质，成为他们在付出长达 40 余年的努力后，成功探测到引力波的重要原因。

2. 实验室：一种特殊的师承场域

20 世纪中期以来，实验室成为科学研究活动的重要场所，不同实验室之间进行交流与合作成为科研活动的趋势。究其原因，一方面，现代科学的社会建制化的不断完善，特别是大学教学和科研体制的改革，即系的建立和研究生院制度的形成，训练了大批高质量研究生，他们毕业后大多加入科学家队伍，为实验室储备了人才；企业、高校与国家实验室的大量涌现，成为吸收科学家和博士学位获得者的重要场所，例如，"美国联邦政府拥有 720 多家实验室，包含 1 500 个独立的 R&D 设施。联邦实验室及其设施是美国 R&D 体系中的第二大部分，从事美国全部 R&D 工作的大约 14.4%，其中从事大约全部基础研究的 18%、全部应用研究的 16% 和全部技术开发的 13%，总共雇佣 10 万名科学家和工程师"①。另一方面，"二战"后，科学研究活动日益呈现出"高投资、广合作、大目标"等新特点，这为不同教育背景的科学家进入同一实验室为共同的科学研究目标创造了契机。

实验室承载了科学研究活动的重要功能，作为一种固定场所，它"包含了物质与精神两个层面的含义：其一，场所是一个特定的物质空间单元，或是被特定的物质所占领，或是被特定的环境所围绕；其二，场所承载了人们认知空间的历史，以及伴随产生的情感与意义"②。在物质层面上，实验室储存着科学实验活动所需要的器具、设备，具备完善的使用规定以及后勤保障。实验室不仅是重要的科学研究活动场所，也是一个完全物质空间意义上的封闭场所：实验室可以集中直接地展现出实验活动的过程、实验的思路以及操作手法，表现为不同于课堂教学的现实性。在精神层面上，科学的精神气质集中体现在科学研究活动中。例如，LIGO 实验室的索恩对科学问题的敏感、德雷维尔的创新精神以及 LIGO 实验室共同体现的坚持不懈的品格等科学的精神气质，经由实验室展现给在场的所有实验人员，逐渐演变为具有特殊品格的实验室气质并积聚、沉淀下来，成为实验室传承的重要内容。

① 任波，侯鲁川. 世界一流科研机构的特点与发展研究：美国国家实验室的发展模式 [J]. 科技管理研究，2008，28（11）：61-63.
② 杨纵横. 从空间到场所：论场所感在城市设计中的体现 [D]. 重庆：重庆大学，2013：13.

3. 实验室传承的内涵

实验室传承是以实验室为主要的传承场所，以实验室成员为主体，以科学知识、科学方法、科研态度、团队氛围等为主要内容的传承。相较于传统的师承关系，实验室传承表现出一些新特点：

（1）在场所上，突出了实验室作为传承场所的作用。在这里，实验室主要起着对实验室成员的筛选和塑造的作用。在筛选层面上，一方面，实验室实行的是申请制，对不同国籍、民族、教育背景的科学家或学者敞开大门，体现出一定程度的开放性；另一方面，实验室本身的知名度、管理状况与经费状况，以及实验室研究方向的前沿性、研究本身的稳定性等因素作为一种过滤器，往往能筛选出不同心性、能力与品格的申请人员。在塑造层面上，实验室作为一种场所，往往能强化、塑造实验室人员某一方面的能力与气质。例如，卡文迪许实验室的第一任教授麦克斯韦在该实验室创立之初就要求学生具有动手自制实验仪器的能力，"那些用自制仪器，常引起错误的学生，比用仔细调整过、因而易于相信它而不敢拆开仪器的学生，学到的东西更多"[①]。

（2）在形式上，由传统的"师→生"的学业传承向师生间的双向互动、不同科学家之间的交流与合作转变。实验室并不同于课堂，作为科学研究活动场所，其主要目的在于取得科学成果，故那种以课堂为场所、以传授知识为主要目的的教学功能被弱化，师生间在实验过程中相互学习、相互促进、共同进行解难题的互动功能得到加强。另外，现代科学实验室作为一个体量巨大且高度专业化的共同体，更加体现整体与部分协同合作的系统外观。LIGO实验室进行引力波探测活动时，由美国

---

① 阎康年. 卡文迪许实验室的发展［J］. 科学技术与辩证法，1990，7（4）：32-35.

加州理工学院与麻省理工学院进行总体设计，佛罗里达大学提供光学技术支持，威斯康星大学进行数据分析等，作为由功能划分的不同团体，共同为着探测引力波这一科学活动而协同并进。

（3）在内容上，强化了精神气质的传承。科学界存在的马太效应（the Matthew effect）表明，那些能够进入著名实验室工作的人，往往是那些接受过良好的专业训练、具备良好的科学素质与解难题能力的人，"美国青年物理学家奥本海默在德国留学取得理论物理博士学位后，要到卡文迪许实验室研究，卢瑟福接见了他并与他谈了一会话，后来他告诉别人说这个人很有意思，会有远大的前途。后来事实证明其在领导研制原子弹的洛斯阿拉莫斯实验室的工作中，做出了众所周知的重大成绩"[①]。因此，当那些接受过良好教育的科学家进入实验室工作时，耳濡目染的更多的是科学的精神气质，"朱克曼在《科学精英》中的'师与徒'一章中指出，正如一位诺贝尔化学奖得主告诉她的那样，徒弟从师傅那里获得的东西中，最重要的是'思维风格'而不是知识或技能"[②]。

纵观历史上那些不断取得重大科学成就的实验室，如卡文迪许实验室、贝尔实验室等，可发现他们在历史发展中不断完善实验室建制，引进并培养那些具有良好的科研能力并乐于分享与交流的实验室成员，以及从不中断地传承着沉淀已久并永在更新的实验室的精神气质，如团队精神、解决问题的思维风格、锐意突破以及坚持不懈的精神等等。LIGO 实验室亦是此中一员。

---

① 阎康年. 卡文迪许实验室：现代科技革命的圣地［M］. 保定：河北大学出版社，1999：242.

② 卡尼格尔. 师从天才：一个科学王朝的崛起［M］. 江载芬，闫鲜宁，张新颖，译. 上海：上海科技教育出版社，2001：255.

二、 LIGO 实验室的精神气质

LIGO 成功探测到引力波并非偶然，LIGO 实验室的建制史表明，探测引力波需要合作精神、创新精神等。这些 LIGO 实验室的精神气质，在 LIGO 实验室建制的过程中出现并固定下来，成为 LIGO 实验室继往开来、不断做出新的科学成果的重要动力，也成为 LIGO 实验室不断培养新的顶尖科学家人才的重要法宝。

（1）合作精神

起初，从 20 世纪 70 年代开始，美国加州理工学院的索恩与美国麻省理工学院的威斯各自领导了一个模拟激光干涉引力波探测器小组；英国格拉斯哥大学的罗纳德·德雷维尔也在进行着激光干涉引力波探测器的实验探测工作。在激光干涉引力波探测器出现的早期，他们各自对可能使探测器发生问题的因素进行探索，以推动激光干涉引力波探测器进入实际观测阶段。

松散的各自为战并不适合大型野外激光干涉引力波探测器的建造、调试、运行，"为了把费用控制在计划内并在有限时间内完成干涉仪，需要一种不同的工作模式：一种密切协作的模式，每个组的各小组要集中到一个确定好的目标上来，每个负责人要决定该做什么，谁来做，什么时候做"[①]。但是，走向合作是令人痛苦的。1977 年，索恩邀请德雷维尔加入加州理工学院的引力波探测小组；1984 年，应美国国家科学基金会的要求，加州理工学院的小组与麻省理工学院的小组合并，但德雷维尔与威斯并不总是合作到一块去：德雷维尔是一个富有想象力与创造力、行事不受拘束的科学家，"德雷维尔每天都会在他的团队中释放出大量的想法，但决策稀缺"[②]；威斯则是一个典型的

---

① 索恩. 黑洞与时间弯曲［M］. 李泳，译. 2 版. 长沙：湖南科学技术出版社，2007：359.

② LEVIN J. Black hole blues and other songs from outer space［M］. New York：Alfred A. Knopf，2016：46.

德国人，严谨且固执。"真正的决定从来没有被敲入键盘，从来没有实现印刷，实际上从未被制作过。威斯和德雷维尔之间的紧张关系，不相容的风格影响着威斯的吸引力和前进的决心，德雷维尔的聪明阻碍了每一次可能有的任何效果。最终，他们三人都没有做出决定"①。性格上的不同使两人常常发生争执，索恩则维持着他们之间脆弱的合作。

为了使激光干涉引力波探测项目得以顺利进行，1986 年，美国国家科学基金会找到了洛比·沃格特担任小组的主任，统一策划并组织小组的科学实验活动。新的小组更加紧密、高效，"他们所做的所有工作都围绕着 4×4 公里的激光干涉仪这一宏伟目标"②。

从松散、独立的科学合作关系到为着共同的科学目标而成为同一实验室的成员，LIGO 实验室中的团队一开始并未体现出典型的合作关系；相反，成员间互不让步导致效率低下，所有的工作都停滞不前。直到沃格特的到来情况才出现好转，实验室内部的松散得以整治，所有的人力、资源得以高效运转，实验室得以成系统地运行，协同效应凸显，很快就取得了阶段性的胜利。同时，为成功探测引力波的工作量是巨大的，所需要取得的突破是难以想象的艰难，LIGO 还继续与其他实验室保持合作关系，以期规避可能的失误。在探测引力波这一科学目标上，所有实验室都明白，只有充分合作，才能与成功越来越近。

（2）创新精神

LIGO 实验室的成立只是离成功探测引力波近了一小步，事实上，他们还面临着许多实际建造上的困难。

---

① LEVIN J. Black hole blues and other songs from outer space［M］. New York: Alfred A. Knopf, 2016: 102.

② 布莱尔，麦克纳玛拉. 宇宙之海的涟漪: 引力波探测［M］. 王月瑞，译. 南昌: 江西教育出版社，1999: 195.

首先是干涉臂内压强问题。为了使臂内大气压强降到足够低的程度以消除空气所产生的不利影响，就必须建造出足够完美的真空泵。真空泵的理想材料是不锈钢，但是不锈钢在高压下容易发生氢气溢出造成真空环境恶化。LIGO 尝试建造一个完全长度上的一体式真空泵解决氢气溢出问题，为此，他们将那些用于建造真空泵的不锈钢材料放在 440 摄氏度的空气中燃烧 36 小时，使得不锈钢内的氢气发生氧化还原反应变为水，理想的真空泵也就能够得以规模制造了。

其次是镜面反射干扰问题。一是镜面积聚率问题，二是镜面材料损耗问题。前者需要寻找极其理想的镜面反射材料并对其进行塑形，后者需要材料的稳定性。20 世纪 90 年代，澳大利亚小组发现蓝宝石能够作为理想的镜面反射材料使用；现在，澳大利亚联邦科学与工业研究组织（CSIRO）的应用物理学分部为 LIGO 提供以蓝宝石为材料的镜面解决方案，比较完美地解决了镜面反射干扰问题。

最后是量子极限问题。LIGO 选用大功率、低噪声的激光，并用激光二极管作泵浦源，以提高激光的稳定度和综合效率，使它的波动频率范围在 10^{18} 内。比较难以解决的是激光本身的量子属性带来的测量的不确定性问题。索恩小组的陈雁北提供了一种解决思路：利用萨尼亚克干涉仪作为速度测量干涉仪测量动量守恒系统中质量的动量，解决动量算符的不对易问题，从而有助于克服量子极限的困难。

20 世纪 70 年代，韦伯使用共振棒探测器探测失败的消息令人沮丧，许多实验科学家宣称引力波探测已经死亡。但是，"索恩、德雷维尔和威斯都被'强烈的欲望'所吸引，为'一个感觉到却不能表达的真理'而奋斗。他们努力工作，'在黑暗中寻找的时间'远远比他们所有的预期多了很多年。他们努力去突破'澄清和理解'，……他们都不能回头。他们的视野中唯一的方向是朝着这个高峰"①。

LIGO 面临的困难远不止这些。事实上，不止 LIGO，"为探测引力波而进行激光干涉仪研究的人们，花费了 20 世纪 80 年代的大多数光阴来调查所有能使探测器发生问题的因素。他们对每个可能的细节、每个可能的事件环节都进行了研究"②。所有在进行引力波探测的实验室都是开拓者，在引力波长达半个世纪的探测史中，只有那些不畏艰辛的探路者才能看见胜利的曙光。

三、 实验室传承的实践意义

实验室是科学的社会建制化过程中的产物，每个实验室都具有自己独特的价值观念、行为规范，也有相应的组织系统与物质支撑。因此，实验室所传承的精神气质，作为实验室独特的精神内核，具有以下两方面的意义：

一方面，实验室传承有助于形成实验室学术人才链。每个实验室都具有独特的精神气质，每个实验室的精神气质都是在草创过程中，在探索科学目标的历程中形成并固定下来的精神精华，它能够吸引那些志同道合的科学家进入同一实验室为共同的科学目标而努力。LIGO 科学合作组织吸引了超过 100 家的著名大学和机构入驻，并为着继续探测引力波这个共同目标而奋斗。其中亦有来自中国的清华大学曹军威团队，该团队负责 LSC 引力波暴和数据分析软件等工作组的相关研究。在继续探索引力波的实验过程中，精英实验室的马太效应凸显：那些具有优秀的科研能力与科学素养的科学家往往能够进入著名实验室并且能够更好更快地做出成绩，而那些资质一般的科学家往

---

① LEVIN J. Black hole blues and other songs from outer space ［M］. New York: Alfred A. Knopf, 2016: 69.

② 布莱尔，麦克纳玛拉. 宇宙之海的涟漪：引力波探测［M］. 王月瑞，译. 南昌：江西教育出版社, 1999: 200.

往只能进入一般实验室工作，做出成绩的概率大大减小。在这里，实验室的筛选和塑造功能起了极其重要的作用。

另一方面，实验室传承有助于更好地实现科学目标。实验室是近代实验科学的产地，实验室设置和运行的目的直接指向特定的科学目标。在实验室中，已有科学理论的实验验证、新理论的发现与验证皆能得以直接进行。而在这个过程中，实验人员的通力合作、对问题的敏锐度、解决问题的能力、对科学目标的坚持等，都是实验室传承的重要内容。引力波探测史和LIGO 实验室建制史表明，在长达四十余年的探索过程中，不同实验室之间的通力合作、坚持不懈的精神和排除万难的意志，都是 LIGO 最终成功探测到引力波的重要原因。因此，当它们被固定并被继承下来，成为实验室的精神气质时，实验室解决问题、接近科学目标的能力也就更强了。

总之，实验室是科学技术社会建制化的产物。在实验室中，先后经过实验室本身所具有的筛选和塑造作用进来的实验室人员，形成了不同于传统单向师生关系的双向互动关系，同时，实验室的精神气质也得以固定并流传下来；LIGO 实验室的建制史表明，正是作为其实验室精神气质的合作精神与创新精神，使得 LIGO 实验室最终成功探测到了引力波，体现出实验室内部流转着的精神气质在促进实验室学术人才链的形成以及实现科学目标方面的积极作用。

对实验室传承的探讨，无疑对我们理解师承关系提供了许多积极有益的思路，特别是在实践哲学方面。实验室是近现代科学研究的主要场所，对它的研究有助于我们更深刻地理解现代师承关系在面临场所变更时的多样性，及其日益丰富的内涵。因此，不同场所下师承关系的内涵及其作用有待于我们进一步探讨。

第六章　科学知识的空间
书写与地理叙事^①

　　承接上一章科学问题的地方性特质，本章将地方性放在空间视角下去考量；内容上，跳出科学问题的层面，将科学问题作为科学知识的组成要素，从而在科学史的视野下探究科学知识的空间性特质。

　　科学知识的空间维度在科学史和科学哲学的研究中相对缺位。在实证主义科学观视阈下，科学史以时间为序对科学知识进行编排和叙事，空间被时间瓦解，地理等空间因素对科学史书写的影响被忽略。在这种"均质"空间观的影响下，科学知识被认为是客观而普适的。而在科学实践哲学视阈下，地理位置等空间条件是制约知识生产与传播的重要因素，空间不再是知识生产的背景与常量，而是变量。科学研究是一种特殊的"地方实践"，科学探索在哪里进行对于科学的纯粹性来说是最基本的问题，空间以不同的方式影响着知识的构造。空间线索应成为科学编史与叙事的重要维度。

　　传统科学史的书写往往存在一个倾向，时间凌驾于空间之

　　① 本章内容原文发表于：刘敏 . 科学知识的空间书写与地理叙事：基于科学实践哲学的视角 [J] . 自然辩证法研究，2021，37（11）：102 - 108，有修改。

上，即将科学史以时间为序进行编写，历史在时间中。那么，是否存在另一个维度，即从空间的角度研究科学史及科学知识的属性，从而表明历史在空间中呢？抑或，从空间角度看科学史，我们能看到什么？

科学知识总是生成在一定的空间中，而知识的传播也必然经历不同的空间。空间研究应成为科学史研究的一个重要维度。事实上，近年来学界正在意识到空间对于科学知识生成及传播的意义，一定程度上也形成了科学史的空间化运动。

第一节　科学史的空间化运动

"如果科学研究能够取得对于世界上某些领域的真实解释，那也只能在特定的时间和地方，通过特定的步骤来实现。这意味着科学的每一方面都须经历地理的检视（geographical interrogation）。"①

1. 对逻辑实证主义均质空间观的质疑

长期以来，科学知识的空间维度在科学史和科学哲学的研究中是相对缺位的。这种传统深受逻辑实证主义科学观的影响。

实证主义科学观视阈下，空间是运动背后不变的背景，是平直而"均质"的。"实证主义科学史并不是不承认全球尺度上的科学空间，而是通过普遍主义的宏大叙事消解了科学的空间性"②。实证主义科学观认为科学知识是普适的、客观的，认为科学实验、科学行动以及科学知识的产生与传播是无地方性

---

① LIVINGSTONE D N. Putting science in its place：geographies of scientific knowledge [M] . Chicago：The University of Chicago Press，2003：4.
② 孙俊 . 知识地理学：空间与地方间的叙事转型与重构 [M] . 北京：科学出版社，2016：77.

（placelessness）的、不受地理因素的影响。通过乔治·萨顿（George Sarton）"新人文主义"的描述，世界科学的时空结构被平直地划在"百川归海"的范围内（many rivers，one sea，or oceans of European science)①。所以，在萨顿科学史的视阈下，空间具有预设的去地方化、平直化、均质化。基于此，空间或地理往往被看作科学知识与科学行动的稳定背景，是均质常量，而非变量。

"逻辑实证主义科学观关心的是真理、本质、合理性等概念形成的所谓的'科学事实'，并以此获得解释科学的优先权"②。这些"科学事实"构成了逻辑实证主义科学思想的内核，但其目标是不关涉空间或地方的，甚至是反空间性或地方性的。很多学者认为，"科学思想（scientific ideal）的重要意图之一是逃离地方和文化的束缚"③。

可见，逻辑实证主义的均质空间观是被人们普遍接受的。然而，由于霍兰德·多恩（Harold Dorn）等人的影响，学界也确实开启了一场关注空间性、承认空间性的科学的地理化运动。

科学知识研究的空间化转向与科学地理学的兴起密切相关。"科学地理学"（The Geography of Science）一词首先出现在多恩的《科学地理学》一书中。1991 年，美国科学史家多恩的《科学地理学》（*The Geography of Science*）的出版使得科学史研究出现了明显的地理学转向。国际科学史界的很多学者对其观点进行了评论。马丁·鲍尔（Martin W. Bauer）认为，"由

① HART R. Beyond science and civilization：a post-needham critique ［J］．East Asian Science，Technology，and Medicine，1999，16（1）：88 - 114．

② KUKKANEN J M. The missing narrativist turn in the historiography of science ［J］．History and Theory，2012，51（3）：346．

③ PORTER T M. Making things quantitative ［J］．Science in Context，1993，7（3）：389．

多恩提议的理论声称由地理–气候条件决定的科学具有双重的起源"①。大卫·利文斯通（David N. Livingstone）认为，多恩的《科学地理学》超越了传统的科学史叙事模式，将对科学内部的关注转向了对空间、对自然环境、物质场所的关注，其"坚信科学事业的决定力量包括土壤、气候、水文、地形等自然因素"②。

库恩之后，科学史研究逐渐出现的社会学转向、人类学转向、文化转向等对传统实证主义的"时空平直科学史"观提出强烈批评。也有学者将空间转向（或地方转向）称为"科学史过去 30 年中最重要的转向"③。

可见，科学的地理化运动确实在发生。笔者认为，此运动的实质并非关注科学内部运动如何呈现了科学的地理图景，而是强调地理如何影响了科学知识的生成与传播。科学研究正在经历从无地方性到中心地（central place）的运动与转变。此路径值得研究。

2. 科学知识社会学（SSK）将空间纳入科学叙事

科学知识社会学产生于 20 世纪七八十年代，该学派确立了科学史研究的社会学转向。爱丁堡学派的主力干将、强纲领的提出者布鲁尔声称，"存在于知识之外的东西、比知识更加伟大的东西、使知识得以存在的东西就是社会本身"④。SSK 明确提出，在文化、利益、权力等影响知识生成的各种社会因素中，

---

① BAUER M W. Making science is global：science culture remains local [J]．Journal of Scientific Temper，2015，3（1/2）：48.

② LIVINGSTONE D N. The spaces of knowledge：Contributions towards a historical geography of science [J]．Environment and Planning D：Society and Space，1995，13（1）：15.

③ GALISON P. Ten problems in history and philosophy of science [J]．Isis，2008，99（1）：119.

④ 布鲁尔．知识和社会意象 [M]．艾彦，译．北京：东方出版社，2001：127.

空间及地理因素在"科学实践""科学行动"中的重要意义，其鲜明的空间意识消解了实证主义科学史线性、均质的科学空间观。SSK 明确将空间研究纳入科学知识的生成及科学史的叙事范围。SSK 对空间的关注具有以下特征：

其一，从均质空间转向生产空间。皮克林认为，拉图尔和史蒂夫·沃尔伽（Steve Woolgar）的《实验室生活》是 SSK 科学空间研究之转向形成的标志①，促进"作为实践的科学"取代"作为表象的科学"。之后，卡林·诺尔-赛蒂纳（Karin D. Knorr-Cetina）的《知识的制造：建构主义与科学的与境性》更加明确了空间对于知识的生产性意义。这种生产性意义，与赛蒂纳在 SSK 研究中常用的"索引性"一词密切关联："我们将使用术语'索引性'，用它来指科学活动的境况偶然性和与境定位。这种与境定位显示出，科学研究的成果是由特定的活动者在特定的时间和空间里制造和商谈（negotiation）出来的。"②这一观点明确了空间对于科学知识的生产性意义。

其二，强纲领明确了空间研究的两个方向。"强纲领"是布鲁尔在《知识和社会意象》一书中提出的，他认为某些社会因素在科学知识的产生过程中是起决定性作用且永远无法取消的。强纲领的四条著名原则是"因果性"（causality）、"公正性"（impartiality）、"对称性"（symmetry）、"反身性"（reflexivity）③。强纲领强烈冲击了实证主义传统对科学知识赋予的客观性、真理性，强调知识的与境性、建构性，强调回到科学活动本身，

① PICKERING A. From science as knowledge to science as practice [M] // PICKING A. Science as practice and culture. Chicago：The University of Chicago Press, 1992：1-2.

② 诺尔-赛蒂纳. 知识的制造：建构主义与科学的与境性 [M]. 王善博，等译. 北京：东方出版社，2001：64.

③ 布鲁尔. 知识和社会意象 [M]. 艾彦，译. 北京：东方出版社，2001：7-8.

如拉图尔的名言，"将科学理解为动词"，"行动中的科学"①。布鲁尔的"强纲领"信条引导了科学空间研究的两个方向：一是实验室研究，二是地方性知识理论。前者在 SSK 的研究传统中出现的频次、引起的争议，以及重要地位不言而喻；后者是 20 世纪末兴起、至今盛行的科学实践哲学研究方向中的重要理论基点，以劳斯为代表的科学实践哲学明确提出"地方性是科学知识的本性"。最终，"作为实践的科学"取代了"作为表象的科学"。

其三，行动者网络理论进一步突出空间的异质性。行动者网络理论（Actor-Network Theory，ANT），是拉图尔等人面对强纲领所受的重大挑战和质疑而发展出的对其的批判和修正的理论。该理论在"网络"视角下，将行动者、利益、权力、空间紧密结合，强调空间对于科学行动的重要意义，明确提出通过科学的实践研究揭示科学空间的非平直预设性、异质性。ANT 强调的异质性（heterogeneity），包括行动者的异质性、文化背景的异质性、社会政治经济制度的异质性等。在这种异质性视角下，差异性在不同区域的科学形态中便具有了合法性。所以，异质性正是科学研究纳入空间塑造的逻辑前提。

总体上，SSK 消解了实证主义科学史线性的、均质的科学空间观。更重要的是，SSK 最终将科学知识的生成落到科学实践中，也就在一定程度上奠定了科学知识生产的空间辩证法。

3. 科学实践哲学"地方性知识观"的空间主张

以劳斯为代表的科学实践哲学的突出特点是强调科学的实践性、情境性、地方性、介入性特征，批判了实证主义科学观的宏大叙事，但他同样认为社会建构论从一定意义上讲仍然属

---

① 拉图尔. 科学在行动：怎样在社会中跟随科学家和工程师［M］. 刘文旋，郑开，译. 北京：东方出版社，2005：7－8.

于宏大叙事的框架。因为在社会建构论者看来，社会因素是科学实践最终得以被解释的普遍性背景，事实上社会建构论"并没有走出宏大叙事的整体性解释的偏好"①。

劳斯强调以"实践优位"取代"理论优位"，强调实践的情境性、地方性对科学知识生成的意义。他强调，"科学研究是一种寻视性的活动，它发生在技能、实践和工具的实践性背景下，而不是发生在系统化的理论背景下"②。在劳斯看来，"科学话语处于地方化的社会网络之中"，"地方性"是科学实践的根本性的内在特质。因此，"地方性的实验场所是科学的经验特征得以建构的地方，而这样的建构是通过实验人员的地方性、实践性的能知来实现的"③。

在科学实践哲学视阈下，对实验室地方性的强调者众多，包括"实验实在论"者伊恩·哈金。哈金强调，"实验的进行依赖于实验室的地方性情境，并取决于实验所产生的预期效果。……'现代性'不是建立在统一的基础之上的确定的、普遍的情境，而是一个包含冲突的场所"④。在哈金的意义上，地方性知识是知识本性的一部分，是其与普遍性知识的分歧，也是现代性内部的分歧。

对科学实践哲学的空间研究中，以利文斯通为代表的学者主张的科学知识地理学值得关注。"科学知识地理学已被认为是科学哲学路径上的重要方向"⑤。"科学不仅能够被空间化，而且

---

① UEBEL T. Engaging science：how to understand its practices philosophically [J]．The British Journal for the Philosophy of Science，1998，49（2）：363.

② 劳斯．知识与权力：走向科学的政治哲学［M］．盛晓明，邱慧，孟强，译．北京：北京大学出版社，2004：101.

③ 劳斯．知识与权力：走向科学的政治哲学［M］．盛晓明，邱慧，孟强，译．北京：北京大学出版社，2004：130.

④ 盛晓明．地方性知识的构造［J］．哲学研究，2000（12）：41.

⑤ HENKE C R，GIERYN T F. Sites of scientific practice：the enduring importance of place［C］//HACKETT E J，AMSTERDAMSKA O，LYNCH M，et al. The handbook of science and technology studies. 3rd ed. Cambridge：The MIT Press，2007：369.

科学自身能够为其活动创造多样的空间和地方，进而通过多种方式空间化世界"①。"并不一直是科学影响地方，地方也影响科学及其如何被接受"②。

利文斯通在其《科学知识的地理》（*Putting Science in Its Place*）中研究了科学与空间的相互影响，分别从不同的科学地点，如实验室、博物馆、田野、医院等，描述了空间对不同类型科学知识的生成所产生的影响。特别是对于区域文化如何影响科学知识的生成与传播也做了重点研究。"无论起作用的是哪种因素，那些以'科学'的名义被归为一类的人类活动，都深深地根植于地方的特殊性之上"③。而讲到知识的地方性与知识的普遍性之间的冲突，利文斯通直言"科学的普遍性是为了保证传播的可靠性，而必须将科学置于地方的种种实践带来的结果"④。

综上，从空间维度反思科学史，有利于揭示科学知识的本质属性及其生成机制。事实上，虽然目前在科学史、科学哲学、科学知识社会学、科学计量学等领域中或多或少地能找到从空间角度对科学知识的论述，但其尚未形成学理统一的主流关注。笔者主张，在科学实践哲学视阈下进行科学知识的地理学研究，将空间作为科学活动和科学知识生成的重要变量，来探究科学知识的生成与空间因素的相互影响机制，是具有重要意义的研究方向。而实验室作为被公认的科学知识的"产出地"，其产出的科学知识有无携带空间的信息？二者之间又是什么关系呢？

① NAYLOR S. Introduction: historical geographies of science-places, context, cartographies [J]. British Journal for the History of Science, 2005, 38 (1): 2-3.

② NAYLOR S. Regionalizing science: placing knowledge in Victorian England [M]. London: Pickering & Chatto, 2010: 3.

③ LIVINGSTONE D N. Putting science in its place: geographies of scientific knowledge [M]. Chicago: The University of Chicago Press, 2003: 181.

④ LIVINGSTONE D N. Putting science in its place: geographies of scientific knowledge [M]. Chicago: The University of Chicago Press, 2003: 181.

第二节　实验室知识是"无地方性"的吗？

在科学实践哲学视阈下，科学知识的概念不可避免地携带着空间的信息。作为科学知识产生的场所——实验室，就是具体的空间，是生产并承载实验性知识的载体。实验室是知识的空间源头，知识不断地从这个源头剥离，并向多维的公共地带传播。实验室内的活动被认为是产生新知识的决定性活动。那么，来自实验室的知识是"无地方性"的吗？

1. 实验室空间的微观地理变迁及其文化意义

在传统科学观中，科学实验及其产品——科学知识，被认为是客观地反映自然界规律的广泛知识范畴，进而大众普遍认为无论是科学探究的过程、还是科学知识的生成与传播过程，都不受地点与空间的影响。而实验室也被认为是"无地方性"的。特别是 19 世纪实验室建制化以来，实验室便被看作是成就知识客观性、可信性的重要场所，是具有普遍性、客观性、不受政治文化影响、免于社会学分析的场所。

然而，在科学实践哲学视阈下，我们发现了与传统科学观完全不同的空间观。"科学研究在哪里开展——在怎样的物理和社会空间开展，是知识生产的声明是否获得认可的重要条件"①。而作为"确保科学实验合法性"的场所——实验室，其空间意义经历过一个漫长的文化历史变迁过程。

实验室作为一个空间，其本身具有地理特质与文化内涵。科学实验室微观地理空间经历了从私人性向公共性转变的过程。

---

① 利文斯通. 科学知识的地理［M］. 孟锴，译. 北京：商务印书馆，2017：25.

实验室的私人空间时期。最初的科学爱好者，通常在自己家中的某个角落进行实验操作。如英国伊丽莎白时期一位最负盛名的哲学家约翰·伊迪（John Dee），他将实验工作室安置在自己家中，但因为实验操作影响了家庭的空间布局，给家庭成员的生活带来了很大的麻烦，于是伊迪不得不对改变实验室的位置。中世纪后期的炼金术士们也常常在自家生活空间的一隅进行各种"科学实验"。

实验室从私人性逐渐走向公共性。走向公共性是科学获得合法性的必要条件。英国皇家学会的元老之一化学家罗伯特·玻意耳（Robert Boyle），其实验室虽然也置于自家地下室，但实验室有一个出口是通往街道的。这样的安排极其有必要，因为玻意耳和他的皇家学会的助手坚持认为，科学知识从根本上来说是一项公共的事业，不可能一直在个人的私密空间中被生产，"为了赢得'知识'的地位，必须在适当的地点向适当的公众做出知识生产的声明，以便得到合法性承认"[1]。

大学物理实验室成为新文化秩序形成的空间表征。科学逐渐建制化之后，西方大学设置的新型实验室成为入侵大学的空间符号。19 世纪下半叶，尽管逐渐走向建制化的实验室氛围与大学精神格格不入，以麦克斯韦、卡文迪许为代表的科学家们，"非常渴望将机械工业与教学文化相结合，汤姆森所在的格拉斯哥学院做到了这一点"[2]。新兴的大学物理实验室，正是这种新的文化秩序出现的空间表征。

总之，实验室的微观地理的历史变迁，经历了从私人空间走向公共空间，进而走进大学并完成建制化的过程。同时，实验室空间的设置与位置变迁，也产生了一系列社会学意义上的变化。

① 利文斯通. 科学知识的地理［M］. 孟锴，译. 北京：商务印书馆，2017：25.
② LIVINGSTONE D N. Putting science in its place：geographies of scientific knowledge［M］. Chicago：The University of Chicago Press，2003：27.

2. 实验室空间的表演性与社会分层

科学知识的空间性，包括了实验地点、知识传播过程的空间性、地点性，以及由此带来的知识的可靠性。实验室空间并非社会文化真空。"在实验室空间中，实验事实的生产不可避免地与设备的再生产捆绑在一起，也与传播中特定的地方状况捆绑在一起，在这个基本的意义上，实验室知识就是地方知识。它与特定的实践性专门知识紧密关联，与在场的恰当技术的有效性紧密关联，也与生产者与设备生产所采用方式的认知程度紧密关联"①。总之，知识、技术、工具、实验者的认知方式等方面的空间内容定义着实验室的地方性。

回顾科学史不难发现，实验室空间曾一度具有"前场秀"的表演性，同时，实验公信力与实验者的社会地位、社会分层密切关联。

一方面，在某种意义上，实验室空间具有一定的表演性与戏剧性维度。著名的"法拉第星期五实验"就是个很好的例子。在 19 世纪三四十年代，法拉第（Michael Faraday）通常在周五晚上进行实验操作（表演）。为了使定期的表演能顺利进行，法拉第不惜刻苦磨炼，以使得自己的举止、演说能与实验进程配合得更好。为了使单调枯燥的实验过程能吸人眼目，他甚至在过程中会不惜刻意营造喜剧的效果。实验室的操作形成一种展示型空间论证。

"星期五实验"只是体现实验室空间表演性的众多例子中的一个。实验室的这种表演性透露出：自然是被严格限定过的，实验室的环境并非真正的大自然中的一部分；实验前场秀以比较夸张的方式展示顺利性以掩盖了后场的凌乱之处。甚至从某

---

① 利文斯通 . 科学知识的地理［M］. 孟锴，译 . 北京：商务印书馆，2017：152.

种意义上讲，实验室是空间与技术合力重构着自然界及其规律的场所。

另一方面，为了使所生产的知识被认可，使知识走向公众视野，实验室必然要走向公共性。而这一过程，则显示出具有社会学意义的局内人与局外人思维特质，对科学知识可靠性也产生了微妙的影响，甚至出现内行人的成果需依靠外行人的确认与肯定的荒诞现象。如利文斯通在评价 17 世纪英格兰科学时所说"知识的公信力随着社会身份的等高线移动"[①]。

科学史的时间性遮蔽了空间性和地域性。实验室的微观地理性折射着"私人空间"与"公共空间"对"科学的内部人"与"外部人"的利益区分与社会分层。实验室的建立被认为是产生新知识的决定性活动，同时，实验室也成为生产权力的微观场所。

第三节　空间异质性制约知识的生成与传播

福柯（Michel Foucault）曾多次论证，"不论在何种尺度上，知识、空间、权力都紧密地交织在一起"[②]。在文化、经济、民俗、宗教、政治等因素的影响下，空间并非均匀而平直，自然空间往往都携带有抽象的社会文化空间的特质，从而使得空间具有异质性。

本节所采取的科学实践哲学视角，在一定程度上恰好折射了

---

① 利文斯通．科学知识的地理［M］．孟锴，译．北京：商务印书馆，2017：112.

② "空间、知识和权力之间的联系"是福柯著作中占统治地位的主题之一。他在其《临床医学的诞生》（*The Birth of the Clinic*）、《规训与惩罚：监狱的诞生》（*Discipline and Punish：The Birth of the Prison*）、《知识与权力》，以及《论异质空间》（*Of Other Space*）等作品中，论述了空间对于知识和权力产生的影响。

空间异质性的特征。"科学实践哲学认为，科学知识及其活动一定是地方性的，这表现在所有的科学知识都产生和需要：特定的实验室、特定的研究方案、特定的地方性共同体、特定的研究技能"①。这些要素均属于空间的异质性要素。

纵观科学史不难发现，每当我们谈到某个时期的科学成就时，总是会将其与某个特定的空间相关联。如谈到古代科学，总会想到早期四大河流地区的文明；谈到西方科学精神的起源，自然会想到古希腊、中世纪的罗马，文艺复兴时期的意大利，近代早期以英国为代表的欧洲各国，以及启蒙运动时期的法国等等，每一种特定的思想方式无不与某一特定的地方所关联。

即使是在科学史经典话语体系下，人们将科学史定义为西方科学史，"西方科学"也并不具有统一的含义。以 19 世纪医学史为例，事实上，当时并不存在一个统一的"西方医学"概念，当时的医学理念与研究范式因空间与地区的不同，各国的医学体系具有迥然相异的术语系统和理论特质。

18 世纪末，皇家医师协会曾发起过一项问卷调查，对象是全法国的内科医师和外科医师，目的是探究当地的自然环境和社会特征与地方性流行病的关系。这些地区特征包括当地的气温、气压、降雨、风向、风速、食品质量、物价环境以及地区卫生条件等。"这一计划从 19 世纪 70 年代起持续 20 多年，以期提供一个有关总体环境及其与人类和家畜健康和疾病之因果关系的，大规模地用数字表示的基于观察的指南。"② 由于大革命爆发等原因，该项计划没有最终完成。但这个计划本身表明，到 18 世纪末的医生已经越来越关注疾病的环境原因，以及医学在涉及公共健康的

---

① 吴彤. 走向实践优位的科学哲学：科学实践哲学发展述评 [J]. 哲学研究，2005（5）89.

② 拜纳姆. 19 世纪医学科学史 [M]. 曹珍芬，译. 上海：复旦大学出版社，2001：76.

事务中的作用日益增强。

希波克拉底医派的《空气、水与地方》（Airs，Waters，Places）曾被称为是关于环境最权威的著作①。此书从环境与空间的角度论述了医学与空间、疾病与空间的关系，从实践的角度有力论证了医学、自然地理学和人种学的交织发展对于一个地区的医学科学体系的塑造具有重要影响，非常具有说服力。"以至于后来对于流行病为什么发生，为什么某些疾病盛行于某些特定的地区等问题的医学研究，都频频提到自然空间的影响"②，甚至当时的疾病会被认为与对当地道德和宗教的违背有关。这种医学体系在疾病的成因分析以及施治措施上，都是密切关联甚至依赖对自然空间、社会宗教文化空间的分析的。

除了科学知识体系的形成与空间特质密切相关，携带不同空间特质的知识在传播过程中是否也会受到空间的影响呢？科学知识、观念、理论何以成功地、安全不变样地从一地传往另一地，从知识的故乡"安全地"传往他乡？传播的过程会使知识保持其本意不变吗？

以上问题的答案并非理所当然，因为传播是跨越区域、区间、国度的，而空间性质的不均衡性与异质性，使知识和思想的"原样传播"阻力重重，甚至变得不可能。

科学知识的传播受到传播空间与接受空间的双重影响。"科学理论从起源向地球表面各处的传播是不均衡的，它移动时也被移动，在它经历各处时也经历变迁。所有这一切都表明科学理论的内涵是不稳定的，相反，在它从一地到另一地的过

---

① 此书虽然只是部分地涉及不同人类群体间自然和文化差异的性质，但是，对医学、自然地理学和人种学的糅合却非常具有说服力。

② 拜纳姆．19世纪医学科学史［M］．曹珍芬，译．上海：复旦大学出版社，2001：76.

程中是易变的"①。由于空间的异质性，科学知识在传播过程中，同一理论在不同空间环境中产生的影响及其被接受度迥然相异。如达尔文思想的传播，"达尔文主义在俄罗斯和在加拿大意味着不同的东西，它在贝尔法斯特和在爱丁堡意味着不同的东西，它在工人俱乐部和在教堂的大厅意味着不同的东西"②。

知识传播的过程，并不是简单的复制过程。由于语言、文化等因素的影响，思想流传的过程，事实上是一个思想被翻译、被编码的过程。劳斯将其称为"转译"（translate），这个翻译很准确，因为这不光是一个"翻译"的过程，同时也是一个"转变"的过程。"科学知识在实验室之外的拓展，就是地方性实践经过'转译'（translation）以适应新的地方情境"③。在强调知识的空间性与地方性时，劳斯并没有否认知识的普遍性："并不是说科学知识没有普遍性，而是说它所具有的普遍性是一种成就，这种成就总是根源于专门建构的实验室场所中的地方性之能知。"④ 知识普遍性的根基在于地方性。知识传播的过程是一个对原地方性信息进行翻译、加工、整理的过程。而对于不同环境背景下的接收地的人们来说，接收到的信息之间的差异是很大的。

因此，在传播的过程中，科学知识在改变地方的同时，也在被地方改变着。正如利文斯通所说，"科学并不是在历史中缓

---

① LIVINGSTONE D N. Putting science in its place：geographies of scientific knowledge［M］. Chicago：The University of Chicago Press，2003：4.

② LIVINGSTONE D N. Putting science in its place：geographies of scientific knowledge［M］. Chicago：The University of Chicago Press，2003：4.

③ 劳斯. 知识与权力：走向科学的政治哲学［M］. 盛晓明，邱慧，孟强，译. 北京：北京大学出版社，2004：123.

④ 劳斯. 知识与权力：走向科学的政治哲学［M］. 盛晓明，邱慧，孟强，译. 北京：北京大学出版社，2004：123.

慢提取的永恒本质，与此相反，它是一种根植于具体的历史地理环境中的社会实践"①。然而，具体的地理历史空间在影响科学知识的同时，反过来空间也在不断地被这些知识所影响和重塑着。

第四节　空间因事件而得生命

"空间不仅仅是每一项科学行动在其上实际发生的舞台，它本身也是人类互动系统的一个构成部分"②。发生在其中的每一个科学事件，都不可避免地携带着空间所赋予的文化特征。"正是由于知识总是在特定的情境中生成并得到辩护的，因此我们对知识的考察与其关注普遍的准则，不如着眼于如何形成知识的具体的情境条件"③。

本书并无意消解时间维度之于科学史书写的重要意义，毕竟科学探索中的实验进展、概念演变、思想更迭等无不随时间的流动而展开。但是，笔者重点强调的是，我们应该重视和思考不同尺度的空间是如何制约科学知识的生成以及科学史的书写的。正如利文斯通所言，"科学所享有的普遍性的外表，以及它在地球上高效传播的能力，并不能消解他的地方性特征（local character）"④。科学实践所依托的自然地理空间、权力政治空间以及社会文化空间等，都是影响科学进程的重要因素。因而科学知识的构造

① 利文斯通. 科学知识的地理［M］. 孟锴，译. 北京：商务印书馆，2017：194.

② LIVINGSTONE D N. Putting science in its place：geographies of scientific knowledge［M］. Chicago：The University of Chicago Press，2003：7.

③ 盛晓明. 地方性知识的构造［J］. 哲学研究，2000（12）：36.

④ LIVINGSTONE D N. Putting science in its place：geographies of scientific knowledge［M］. Chicago：The University of Chicago Press，2003：14.

与表述往往因为带有区域特质的烙印而存在分异。这要求我们须依据一种空间视阈的科学史观，将科学重新置于地方区位来考察。

空间在影响科学事件的同时，也在被科学实践所重新建构。通过把知识还原于它诞生和传播的场所来探讨科学行动与空间的相互影响，不难发现，不论人文空间、生态空间还是政治空间，在科学行动与科学知识的影响下，都在不断演化（进化或退化）。而空间的演化又再次为新科学行动、新科学知识的催生提供条件。

事件因空间而可能，空间因事件而被赋予意义。因而，空间与知识、空间与科学史是互相建构的，自然在空间中被建构，空间因事件而得生命。

第七章 仪器认识论变迁中的问题观转向

考察仪器认识论的变迁，实际上是在尝试寻找"在科学知识的形成过程中，仪器承担了怎样的认识论角色"这个问题的答案。科学问题的实践性特点通过各派系哲学家对科学仪器的分析而得以突显，同时科学仪器的认识论价值也被揭示和确立。约瑟夫·劳斯指出，"科学研究是一种介入性的实践活动，它根植于对专门构建的地方性情境（典型的是实验室）的技能性把握"①，其中"技能性把握"既包括实践主体，也不能缺少仪器和工具。通过对仪器认识论视阈下科学哲学史的研究，我们可以看到科学问题观转向实践优位的过程。

第一节 传统问题观对仪器的忽视

综观科学哲学的历史，传统科学哲学基本上是以"命题"或者"理论"为核心对象进行哲学考察的，"科学哲学的发展史就是考察科学理论的静态结构和动态演变规律的历史"②，而科

---

① 劳斯. 知识与权力：走向科学的政治哲学［M］. 盛晓明，邱慧，孟强，译. 北京：北京大学出版社，2004：124.
② 马雷. 论"问题导向"的科学哲学［J］. 哲学研究，2017（3）：118.

学仪器则处在关注的核心之外，"纵观大量的科学哲学和科学史著作，除开理论优位这种传统贯穿始终外，还同时伴随有一个被遗忘的对象，那就是科学仪器"①。对科学问题观的研究同样存在类似的现象：传统表征主义的问题观重视"概念框架""逻辑还原"和"理论优位"，仪器则是观察和实验中被动的物质工具，不具有独立的认识论地位，是从属于理论来表征世界的工具。

一、 逻辑实证主义与证伪主义对仪器的观点

逻辑实证主义主张观察和理论截然二分，科学始于观察。其代表人物美国哲学家鲁道夫·卡尔纳普在澄清和确定"问题"的意义时主张，"提出一个问题就是给出一个命题并提出判定这个命题或者它的否定式为真的任务"②，科学问题与命题紧密相关。通过对"问题"进行语义分析，卡尔纳普提出了一个问题的意义标准。在逻辑实证主义者看来，实验与观察相等同，而观察则被看作是发现理论的被动过程，仪器不具备在认识论中出场的资格。

证伪主义的代表人物英国哲学家卡尔·波普尔提出了"科学始于问题"的论断，从他提出的"四段式"中可以看到，这一科学问题不断深化的动态模式只体现了理论的认识论价值。尽管实验可以起到排除错误的功能，但"理论支配着实验工作，从它开始计划一直到在实验室里最后完成"③，实验的意义在于检验某个有待验证的理论，实验（包括仪器）本身不具备独立的认识论价值。

---

① 吴彤，等．复归科学实践：一种科学哲学的新反思［M］．北京：清华大学出版社，2010：237.

② 卡尔纳普．世界的逻辑构造［M］．陈启伟，译．上海：上海译文出版社，2008：329－330.

③ 波珀．科学发现的逻辑［M］．查汝强，邱仁宗，译．北京：科学出版社，1986：79.

二、 历史主义对仪器的观点

历史主义代表人物之一、美国科学哲学家诺伍德·汉森（Norwood Hanson）在《发现的模式》一书中提出的"观察负载理论"命题，一方面对突破逻辑实证主义的经验基石，推动历史主义科学哲学的发展起到了重要作用，另一方面也再次强化了"理论先于观察，实验是理论的"侍女"（handmaiden）"这一观点。

随后，美国科学史家、科学哲学家托马斯·库恩围绕"范式"这一基本概念，在科学的发展历程中对"问题"进行考察，主张"范式的存在决定了什么样的问题有待解决"①。亚历山大·柯瓦雷的科学观深深影响了库恩，库恩在《科学革命的结构》中描述了主要定位于观念和理论转变的相继范式更替的科学革命形象。但"范式"中也包含了仪器维度，库恩指出，"解决常规研究问题需要解决所有各种复杂仪器方面、概念方面以及数学方面的疑难"②。然而，内含于"范式"的"仪器承诺"是笼统的概念：范式"从'一种具体科学成就'，到'一组特定的信念和先入之见'，后者包括各种仪器的、理论的、形而上学等方面的承诺通通在内"③。虽然库恩认可仪器是范式的一部分，但他对科学发展中仪器的作用未加分类地进行了同质化的说明：以望远镜为例，库恩认为尽管望远镜给出了不少关于哥白尼理论的论证，但是它"什么也没有证明"④，仅仅起到宣传理论的

---

① 库恩. 科学革命的结构［M］. 金吾伦，胡新和，译. 北京：北京大学出版社，2003：24-25.

② 库恩. 科学革命的结构［M］. 金吾伦，胡新和，译. 北京：北京大学出版社，2003：33.

③ 库恩. 必要的张力：科学的传统和变革论文选［M］. 范岱年，纪树立，译. 北京：北京大学出版社，2004：287-288.

④ 库恩. 哥白尼革命：西方思想发展中的行星天文学［M］. 吴国盛，等译. 北京：北京大学出版社，2003：220.

作用。库恩对"范式"的研究初步涉及了仪器对于科学问题的产生、转变和解决的作用，但他没有详细说明仪器是如何做到的。

传统科学哲学基本将对科学问题的理解局限在命题或者命题系统上，这是一种理论导向的解释理想，它们共同认为只有理论和命题才能构成问题或者问题的答案，而观察与实验（包括仪器）仅提供和检验关于世界的命题。传统科学哲学缺乏适当的语言和概念来描述与研究仪器，忽视了仪器是科学问题中重要的实践环节。

第二节　实验转向下的仪器观

前节分析表明，虽然理论优位的科学问题观对仪器维度有所涉及，但相关研究都属于非自发性的附属研究。直至 20 世纪 80 年代前后，许多国外学者意识到对科学和科学问题更完整的理解，即必须开始重视实验活动这一科学实践中越来越重要的一环。作为实验中必不可少的进行观察、测量和检验的物质工具，仪器在科学实践哲学的思想资源——科学技术与社会（STS）、新实验主义、科学知识社会学（SSK）等哲学领域中逐步获得了关注。仪器在揭示科学问题的地方性和介入性上起到了重要作用。

一、STS 与 SSK：仪器是生产话语的工具

20 世纪 70 年代末，法国哲学家布鲁诺·拉图尔进一步认识到科学的物质维度的作用。拉图尔对仪器的分析集中于《实验室生活：科学事实的建构过程》（*Laboratory Life：The Construction*

of Scientific Facts）一书。他认为，产出论文是实验室工作的最终目的，科学仪器应被解释为"铭写装置"。仪器在运作过程中产生相应的图形、曲线、数据或者痕迹等（即铭写），实验者则将其记录下来作为论文的论据。在《科学在行动：怎样在社会中跟随科学家和工程师》一书中，拉图尔进一步发展了这种思想："任何组织结构，不论其尺寸大小、本性或者成本，只要它能在一个科学文本里提供任何一种视觉显示（visual display），我就将其命名为一部仪器（instrument）（或铭写装置）。"① 拉图尔对仪器进行了抽象化处理，提出对仪器的使用是在把物质的东西代入话语（discourse）。科学仪器之所以具有很高的价值，是因为它在一定程度上促进了人们从实践活动向思维方向的发展。因此，尽管拉图尔考察了仪器的定义和认识论功能，但他考虑的问题依然是如何"从物质过程向命题知识、理论知识转变"；而体现科学问题的实践性特点的仪器，其价值只在于服务理论建构。

20 世纪 80 年代，萨顿奖得主、美国科学史家史蒂芬·夏平和西蒙·谢弗（Simon Schaffer）的著作《利维坦与空气泵：霍布斯、玻意耳与实验生活》，既体现了 SSK 将人的社会利益因素置于理解科学的首要地位的研究特色，又通过对霍布斯和玻意耳之间的反实验纲领与实验纲领之争这一科学史案例的研究，关注到了科学实践中的物质力量。他们认为，建构实验事实运用了三种技术：制造和操作气泵的物质技术（material technology）；将气泵产生的现象传达给未直接见证者知道的书面技术（literary technology）；用来整合实验哲学家在互相讨论及思考知识主张时应该使用的成规的社会技术（social technology）。这三项技术都具

---

① LATOUR B. Science in action: how to follow scientists and engineers through society [M]. Cambridge, Mass: Harvard University Press, 1987: 68.

有客观化资源（objectifying resource）的作用。夏平和谢弗使用"技术"一词意在强调三种技术都是制造知识的工具，他们突出了后两种技术对科学的重要影响，继承了拉图尔将科学问题导向理论和命题的倾向。

《利维坦与空气泵》记录了历史上霍布斯和玻意耳关于实验仪器的不同观念，以及夏平和谢弗对于仪器的看法。物质仪器可以对科学活动中的人类力量形成制约。玻意耳（R. Boyle）起初将是否承认空气泵可以制造出真空作为区分实验哲学共同体内部和外部的原则之一；之后，玻意耳发现即使采取各种办法也无法彻底解决空气泵渗漏的问题，真空的真实存在受到挑战，他才让步将是否承认空气泵的工作原理以及是否承认实验可以发现事实作为规训共同体的标准之一。这一转变的发生正是由于"科学仪器对感官做了修正并加以规训"①，仪器不能完全服从于人类力量，仪器被制造出来以后便在一定程度上拥有了自己的生命，实验者头脑中理想化的理论结果无法在现实中得以全部完美显现。这一现象表明，科学问题绝不是"扁平"的理论或者命题，问题是在主体的科学实践中被不断建构的，并与仪器处在一种互动关系中。

此外，空气泵的重制值得特别关注，夏平和谢弗指出，"重制（replication）的概念就是实验科学中事实生产的根本"②。他们详细考察了17世纪60年代英国等欧洲国家中空气泵的数量、设计和运转情况，发现复制玻意耳的空气泵极其困难，玻璃器皿的尺寸、气泵原件的制造商等都成为重制能否成功的关键影响因素。夏平和谢弗针对地方性的研究显示，历史上很少有复

①　夏平，谢弗. 利维坦与空气泵：霍布斯、玻意耳与实验生活［M］. 蔡佩君，译. 上海：上海人民出版社，2008：35.

②　夏平，谢弗. 利维坦与空气泵：霍布斯、玻意耳与实验生活［M］. 蔡佩君，译. 上海：上海人民出版社，2008：217.

制成功的案例，并且"这些极少的泵也是被重新设计。没有一个人能够在没有亲眼见过英国的那些实验、仅仅依靠玻意耳的文本叙述的情况下，建造出玻意耳版本的仪器"①，尽管玻意耳在书面报告中描写的对仪器设备的要求已经尽可能地详细了。甚至惠更斯帮助法国建造气泵的曲折经历表明，凭借具有显微、可见优点的图像说明同样无法成功重制。因此，夏平和谢弗的结论是，任何对现存的气泵的成功复制都完全依赖于直接的见证，制造和运转空气泵的技术的传播依赖于人或仪器的迁移。

站在社会建构论的立场上，夏平和谢弗认为，仪器所具有的物质实在性不能单独构成科学界接受真空现象和空气弹力理论的理由，相反是建构真空的社会活动过程实现了真空存在和理论成立的结果。但当我们转换视角，仪器的传递对于实验在不同地域的复制极为重要，这是因为仪器将不可言说的知识蕴藏于自身之中。仪器的重制体现出科学问题在不同地域之间转换，并得到地方性的解答。

总之，在夏平和谢弗着重于分析在非物质力量（比如语言和文本）的理论框架之下，仪器最终还是生产话语（包括命题和理论）的工具，其认识论地位并未比拉图尔的"铭写装置"向前推进许多。夏平和谢弗认为仪器是支持科学知识生产的物质性要素，但他们主张"作为知识的科学"（science as knowledge），把知识等同于理论的表达，认为仪器并不含有知识，也不能创造知识，它只是制造事实的其中一个环节，为理论假说提供一种可见的物质存在，并通过文本分析成为社会地位的标志（如空气泵之于英国皇家学会），甚至成为一种修饰的工具，最终含糊了仪器在科学实践中的自主性，使得科学问题终于文本。

---

① SHAPIN S, SCHAFFER S. Leviathan and the Air-Pump: Hobbes, Boyle, and the experimental life [M]. Princeton: Princeton University Press, 1985: 229.

二、 哈金：仪器具有实在性和介入性

新实验主义的代表人物加拿大哲学家伊恩·哈金在《表征与干预：自然科学哲学主题导论》（*Representing and Intervening：Introductory Topics in the Philosophy of Natural Science*）中指出科学现象是被制造出来的，他采用"分析的、因果推演的方式来陈述仪器观察及其涉及的认识论和实在论问题"[①]。著名的"实验有其自己的生命"[②] 这句口号是由他提出的，这里的"实验"不仅仅指其包含的观察命题和经验语句，更加强调的是作为实践的实验活动本身。"有些意义深远的实验完全由理论推动。有些伟大的理论来源于前理论的实验。有些理论因为不符合实在世界而沉寂了，有些实验则因为缺乏理论而变得毫无意义。但是，还有些让人高兴的情况是，来自不同方向的理论和实验会合（meet）了"[③]，实验与理论之间没有绝对的优先性，可以在平等的地位上"会合"。

劳斯认为"实验有其自己的生命"内含以下四个主张："（1）实验的物质实践（material practices）不仅仅是指观测及所观测到的数据，而总是包含着行动、技巧以及根据其自身要求（in their own rights）对科学意义的理解；（2）实验工作不仅仅检验（或者解释和清晰地表达）理论，而且解释出现在实验实践自身中的目标、机会和约束；（3）实验实践和实验结果的哲学意义不局限于或者不取决于它们的理论解释；（4）实验通常（或者典型地）产生和伴随着异常的、虚假的现象，此种现象的发

---

① 邵艳梅，吴彤. 实验实在论中的仪器问题 [J]. 哲学研究，2017（8）：102 - 103.

② HACKING I. Representing and intervening：introductory topics in the philosophy of natural science [M]. Cambridge：Cambridge University Press，1983：150.

③ HACKING I. Representing and intervening：introductory topics in the philosophy of natural science [M]. Cambridge：Cambridge University Press，1983：159.

生不仅仅是更为一般的自然规律的例证。"① 实验具有独立于理论的地位，它可以通过自身的要求、过程和结果来呈现、产生和解释科学问题。

哈金又区分了"实验"与"观察"："观察——其哲学意义是制造并记录数据——仅仅是实验工作的一个方面"②；实验本质上是一种认知主体能动性的介入，是一种介入自然的方式。实验依赖仪器作为介入手段，仪器通过物理方法干涉物理结构，参与物体实在性的建构。实验室外的仪器也具有实在性："我们通常情况不是透过显微镜看，而是用显微镜看。……对于飞行员来说，他不仅需要看到几百英尺以内的情况，而且需要看到数英里以外的情况。视觉信息被数字化，被加以处理投射在挡风玻璃上的显示器上，这与他下机后观看的地形不是一回事。"③哈金以"用"替代"透过"，把仪器从实验中延伸出来——仪器不再是观察自然的透明之窗，它是呈现实物的中介，并以一种可靠的方式联系着主体和世界。

在《表征与干预》的"显微镜"篇章中，哈金尤其关注不同种类显微镜的理论驱动原理和技术困难的解决条件。他发现，显微镜的制造理论并不具有绝对的指导性意义，英国制造商直到20世纪初仍靠经验制造显微镜，其显微镜质量却比依据衍射理论来制造显微镜的蔡司公司所生产的产品更好。此外，蒸汽机被创造和使用的历史同样说明，仪器可以在足以解释它的理论④被发现之前就被制造出来。哈金的研究说明，仪

---

① ROUSE J. How scientific practices matter： reclaiming philosophical naturalism [M]．Chicago：The University of Chicago Press，2002：264.

② HACKING I. Representing and intervening：introductory topics in the philosophy of natural science [M]．Cambridge：Cambridge University Press，1983：185.

③ HACKING I. Representing and intervening：introductory topics in the philosophy of natural science [M]．Cambridge：Cambridge University Press，1983：207.

④ 此处指热力学理论。

器可以独立于理论而存在，在很大程度上提高了科学仪器在认识论中的地位。

夏平、谢弗和哈金的研究使我们认识到科学实践可以优先于科学理论而存在，仪器的地方性和介入性体现了科学问题的产生、转换和解决是实践性的过程。STS、SSK 与新实验主义分别体现了反对理论优位、强调实践活动的科学问题观在仪器认识论上的两种策略，共同推动了后来将仪器作为研究主题的理论研究的诞生。

第三节　仪器之于科学问题的不可或缺性

在此之后，科学哲学对于科学仪器的兴趣日益集中在对仪器做元哲学层次的考察，如对仪器认识论和仪器本体论的研究。在科学发展的过程中，科学问题的产生、转换与解决往往伴随着新仪器的发明，进而推动科学知识的发展与进步。仪器成为对科学问题的实践解答。

美国科学史家、科学哲学家彼得·盖里森（Peter Galison）发现仪器的创新会引起具体学科内部的轻微科学革命，并在此基础上阐释了仪器的自主性，较之于哈金进一步提高了仪器的认识论地位。他认为安德鲁·皮克林对仪器与理论之间的联系的理解并不符合粒子物理学的发展，理论、实验和仪器应当处于同一层次，它们之间应当可以协同工作与互相交流。盖里森提出的"交易区"理论要求我们关注局部的协调而不是全局的意义，这将有助于理解仪器制造者、实验者和理论家的彼此作用方式。

盖里森与库恩对科学革命的研究上的差异主要在于他们的焦点不同，库恩强调语言而盖里森强调事物，盖里森的著作充满科学仪器与工具的图片。"库恩从理论物理学家的观点来看科学，将实验数据视为理所当然，描述的是使我们能够理解这些数据的理论相像的巨大飞跃。而盖里森则是从实验物理学家的观点来看科学，描述的是使我们能够获得新数据的实践独创与组织的巨大飞跃"①。对仪器的更新换代的关注可以成为理解科学问题及其发展的重要视角，而且不必上升到理论层面再去考察。

21世纪初，美国学者戴维斯·贝尔德（Davis Baird）提出"器物知识"（thing knowledge）的概念以建立科学仪器哲学，他的工作以前人对仪器的研究成果为基础，承认科学仪器能够忠实地表征实在的结构；同时，主张仪器不仅生产知识，其自身也作为一种知识类型而存在，弥合了传统上"把科学知识说成是词汇"② 所导致的对科学仪器的认识论意义理解不够全面的问题。贝尔德指出，"马上就从这台装置迁移到它对于各种理论问题的重要性上，会错过装置的直接意义"③。盖里森在《科学史与科学哲学的10个问题》④ 一文中将贝尔德的《器物知识：一种科学仪器哲学》（*Thing Knowledge：A Philosophy of Scientific Instruments*）列举为具有代表性的科学仪器史与科学仪器哲学著作之一。

贝尔德是美国克拉克大学（Clark University）的哲学系教授、教务长，他于1981年在斯坦福大学（Stanford University）获得科学哲学、语言哲学和逻辑学专业的博士学位。贝尔德主

---

① 戴森. 太阳、基因组与互联网：科学革命的工具［M］. 覃方明，译. 北京：生活·读书·新知三联书店，2000：27.

② 拉德. 科学实验哲学［M］. 吴彤，何华青，崔波，译. 北京：科学出版社，2015：37.

③ 贝尔德. 器物知识：一种科学仪器哲学［M］. 安维复，崔璐，译. 桂林：广西师范大学出版社，2020：3.

④ GALISON P. Ten problems in history and philosophy of science［J］. Isis，2008，99（1）：111 - 124.

要从事科学技术史和科学技术哲学方面的研究，尤其关注分析仪器和纳米技术的发展。这源于他所继承的家族的研究：他的父亲是频谱仪器的早期探索者之一。贝尔德于 2004 年出版了《器物知识：一种科学仪器哲学》一书，获得了 2006 年科学仪器史领域的保罗·邦奇奖（Paul Bunge Prize），他的思想得到了学界的关注。贝尔德在这本书中集合并修订了过去发表的科学仪器方面的文章，并结合新的思考内容构建了"器物知识"论的完整体系。贝尔德在该书的序言中写道："很多人没有意识到'物理科学的历史在很大程度上就是仪器以及它们的运用的历史'。"[①] 通过对科学仪器史（如法拉第的电磁电动机）和当代科学实践活动具体案例的分析，基于对西方哲学家关注理论、轻视器物的传统认识论的批判，贝尔德试图"清晰表述一幅图景：科学仪器与科学理论在认识论上具有同等价值，是何以可能和如何可能的"[②]。他主张建立一种唯物主义的认识论，认为仪器作为以理论为中心的知识理解的物质对应物，本身就承载和表达知识。贝尔德将科学仪器划分为三类，对应地蕴含着三种知识：模型式仪器作为表征性事物（representing things），可以提供解释和预测，可以被经验证据证实或证伪；装置式仪器所蕴含的操作性知识（working knowledge）"存在于仪器被控制的常规行为中"[③]，仪器承载了这种默会的知识；测量式仪器所蕴含的包容性知识（encapsulating knowledge）。贝尔德并非要将理论排除到认识论范畴之外，而是认为仪器也应享有同等的认识论地位。他的研究彻底打破了"哲学给

---

① BAIRD D. Thing knowledge：a philosophy of scientific instruments [M] . Berkeley：University of California Press，2004：xv，5.

② 贝尔德 . 器物知识：一种科学仪器哲学 [M] . 安维复，崔璐，译 . 桂林：广西师范大学出版社，2020：17.

③ 贝尔德 . 器物知识：一种科学仪器哲学 [M] . 安维复，崔璐，译 . 桂林：广西师范大学出版社，2020：16.

科学提供概念，而工艺技术则提供工具"① 的将仪器与概念严格地区分开来的传统哲学观点。

直到贝尔德的"器物知识"论出现为止，科学哲学一直遵循着"从物质到命题"的仪器认识论进路。导致这一状况的原因可能有以下两点：第一，从哲学认识论的思想传统来看，无论经验论还是唯理论，默认知识的表现形态都是观念，科学哲学研究者们已习惯于将科学知识简化为他们最熟悉的形式——以语言文字表达的概念、命题和理论。拉图尔在《科学在行动：怎样在社会中跟随科学家和工程师》（*Science in Action*：*How to Follow Scientists and Engineers through Society*）一书中强调仪器的定位在于它能在一个科学文本里提供任何一种可见性。这一观点为贝尔德所批判，他认为拉图尔和伍尔格（Steve Woolgar）具有一种"文本偏见"（text bias），他们所展示的科学图景完全是文字性的，并且错误地把论文和理论这种文字产物描述为了科学技术的终极目标。第二，长久以来，仪器一直仅仅被视为科学探索的物质工具，是科学理论的应用和物化，而不是科学知识的器物形态。这也符合长期以来科学问题观的"理论导向"。

贝尔德试图建立的是一种唯物主义的认识论，他指出："这是一种认识论，其中我们创造的事物具有我们世界的知识，等同于我们所说的话语。我把我们创造的事物完全是工具性的认识论图景与以词语或者方程表达知识来清晰化和辩护的认识论图景加以对照。我们的事物不仅做了这个，而且它们做得更多。"② 贝尔德认为"创制的、科学的、技术的、工艺的以及其

① 戴森. 太阳、基因组与互联网：科学革命的工具［M］. 覃方明，译. 北京：生活·读书·新知三联书店，2000：18.
② 拉德. 科学实验哲学［M］. 吴彤，何华青，崔波，译. 北京：科学出版社，2015：34.

他方面所带来的事物"本身就是一种物质形式的知识，以往的科学哲学家和科学史家没有明确地认识到这一点，是因为他们习惯了用词汇而不是用事物表达他们自己的思想。这是一种根深蒂固的"语义上行"（semantic ascent）倾向，即从仪器转换到语言的倾向。

贝尔德的科学仪器认识论提示我们关注物的作用，揭示了器物本身在向人类提供认识价值时所具有的知识性特征，仪器既通过物质提供的表征潜力，又通过使用有效的仪器功能来表达知识。作为器物知识的仪器能将暂时不可言说的理论压缩到它们的功能中。正如劳斯所说，"理论和规律是在具体的实例中，并通过这些实例得以理解的；抽象的形式只有在特定的用法中才有意义，接着用法又会被'转译'，从而使在不同情景中的重复或改变成为可能"①。仪器就是一种"实例"，对于科学问题的全面理解需要它提供的实践性的认识论价值。

赫恩（G. Hon）评价道，"在处理认识论问题上，贝尔德做出了一个不同尝试。通过避免需要从物质到命题的上升，这个形而上学的物质性知识将可能指明一条通往实验哲学的新道路"②。贝尔德追求的是科学的认识论领域中的对称性，认为"知识可以有许多不同的表达方式，理论和仪器都表达了知识"③，应当认可仪器在认识论上可以被理解为与理论相等同的东西。问题不仅可以通过命题和理论来表达，仪器也可以承载和表达科学知识与科学问题。

① 劳斯. 知识与权力：走向科学的政治哲学［M］. 盛晓明，邱慧，孟强，译. 北京：北京大学出版社，2004：21.

② HON G. The idols of experiment：transcending the "Etc. list" ［M］// RADDER H. The philosophy of scientific experimentation. Pittsburgh：University of Pittsburgh Press，2003：174－197.

③ 石诚. HPS 视角下的科学仪器研究［J］. 哲学动态，2011（5）：77－84.

第四节 聚焦仪器是科学问题观 实践转向的体现

从库恩开始，仪器维度开始被纳入对科学的理解中来，我们需要做的是将科学仪器引入到对科学问题的说明中来。皮克林指出："我们应当把科学（自然包括技术）视为一种与物质力量较量的持续与扩展。更进一步，我们应该视各种仪器与设备为科学家如何与物质力量进行较量的核心。"① 仪器集中体现了科学问题的实践性、介入性和地方性，仪器认识论变迁的路径为科学问题观的实践转向提供了一条物质轨迹。

科学仪器逐渐从理论优位的表征主义科学哲学传统中解放出来的路径，隐喻了科学问题观转向实践优位的过程。聚焦实验和仪器的问题观逐渐占据主导地位，这一变化体现出科学问题的本质属性是实践性。同时，这也提示我们"破除单一的、形式化的问题观，树立'立体式'问题观，以助于恰当地提出、选择和评价以及解决科学问题"②。

反思科学问题的定义，林定夷主张"科学问题是某个给定的智能活动过程的当前状态与智能主体所要求的目标状态之间的差距"③。该定义将问题解释为实践和认知主体活动过程中两种状态之间的差，体现了科学问题的实践整体性。诚然，科学

---

① 皮克林. 实践的冲撞：时间、力量与科学［M］. 邢冬梅，译. 南京：南京大学出版社，2004：286.

② 陶迎春，汤文隽. 论西方科学哲学中主流学派的问题观［J］. 黄山学院学报，2014，16（2）：18-20.

③ 林定夷. 问题与科学研究：问题学之探究［M］. 广州：中山大学出版社，2006：82.

理论与科学实践不能截然二分，科学发展中通过仪器实现的"事实的发现"与"理论的发明"是紧密纠缠、不可分割的关系。在科学实践哲学的视阈下，反对表征主义的科学问题观，理解物质仪器的介入性和地方性，体现出科学问题是介入性的活动，且具有地方性特征。科学问题在实验室内和实验室外进行着实践建构。"科学问题不是表象性、理论化的知识，而是操作性、实践性的介入科学研究的方式"①，聚焦仪器使得科学问题的实践性特征得以深化和突显。

---

① 张瑞芳，刘敏．论科学问题的政治品格：基于劳斯的"知识与权力"观[J]．系统科学学报，2021，29（3）：52－57.

第八章 科学问题的评价与价值蕴含

科学问题的生成与进化贯穿于科学发展的始终。在传统科学哲学的视阈内，对科学问题的研究多集中在科学问题的定义、分类、结构、转换、解决和评价等方面，而对科学问题的文化性、介入性、地方性、权力性等方面的研究十分薄弱。本章探究科学实践哲学视阈下，科学问题在实验室内外的政治影响，以及科学问题的情境关涉与价值关联。进而研究其对整个世界的"重塑"作用。

第一节 科学问题的权力特征①

科学问题贯穿于科学研究的始终，是科学发展过程中的灵魂。然而，直到 20 世纪 80 年代，科学哲学界才呼吁建立科学问题学，但对科学问题的研究仍处于表征阶段，尚未介入其政治意义。科学实践哲学视阈下，科学问题蕴含着丰富的政治品

---

① 本节原文发表于：张瑞芳，刘敏．论科学问题的政治品格：基于劳斯的"知识与权力"观［J］．系统科学学报，2021，29（3）：52－57，有修改。

格，科学问题不仅随科学知识在实验室微观世界中产生着深度的政治影响，还扩展到实验室之外的宏观世界，在日常生活中带来深刻的政治意义；科学问题的生成与解决不仅"重塑"着智能主体的知识结构，还把智能活动构造成生产性的，不断"重塑"着整个世界，使整个世界更具紧密的耦合性和人为的复杂性。

一、 权力对科学知识有生产性作用

劳斯不仅赋予知识以"地方性"，还从实验室内外"知识与权力"的关系出发，强调权力的生产性和实践性特征，更新了知识与权力的关系。他将实验室的"微观世界"与福柯的"规训机构"进行类比，强调权力对生产科学知识的积极作用。

福柯创造性地把知识看作是权力鼓励作用下制造出来的，"权力制造知识（而且，不仅仅因为知识为权力服务，权力才鼓励知识，也不仅仅是因为知识有用，权力才使用知识）；权力和知识是直接相互连带的；不相应地建构一种知识领域就不可能有权力关系，不同时预设和建构权力关系就不会有任何知识"[①]。在劳斯看来，科学知识与权力的关系由外在的表征主义逐渐深入到科学实践哲学的内在实践领域。"这种权力观强调权力的生产性，而不是压制和扭曲作用；它关注的不是信念，而是权力对行动和实践的参与；它将描述权力运作的地方性、去中心化和非主观的品格"[②]。

---

① 福柯. 规训与惩罚：监狱的诞生 [M]. 刘北成，杨远婴，译. 北京：生活·读书·新知三联书店，1999：29.
② 劳斯. 知识与权力：走向科学的政治哲学 [M]. 盛晓明，邱慧，孟强，译. 北京：北京大学出版社，2004：224.

二、 科学问题与权力相互渗透

与劳斯的知识观强调知识的实践性类似，科学问题的研究也不能忽视科学问题的实践性特征。林定夷教授对科学问题的定义较为明确地揭示出科学问题的实践性特征：科学问题是"某个给定的智能活动过程的当前状态与智能主体所要求的目标状态之间的差距"[①]。科学认识主体在特定的科学知识背景下，通过对"某个智能活动过程当前状态"进行具体的科学分析和实验研究，致力于达到"智能主体所要求的目标状态"，从而解决关于科学认识和科学实践中的科学问题。

传统科学哲学家强调排除权力对科学问题的压制，致力于"为科学而科学"的"纯"科学问题研究。纯科学哲学视阈下的科学问题与权力关系强调的更多是科学问题的"自然科学属性"和权力的"政治统治属性"。从科学实践哲学视角看科学问题，不能理所当然地把科学问题与权力截然分开，科学问题与权力的关系就像劳斯描述的"知识与权力"的关系一样，是相互渗透的：科学问题在权力的"统治"条件下产生，新的权力产生于对科学问题的求知过程。

科学问题的生成与发展离不开权力运作的细化过程，这不仅涉及传统的政治活动对开展科学实践的影响，比如国家对某一具体科学问题的政策支持；更重要的是权力网络对于科学问题研究与发展过程中的生产性制约。权力网络塑造并制约了处于特定情境中的科学问题，一个科学问题的产生与发展并非科学家的独自冥想，而且离不开原有知识与权力网络的限制。此外，对科学问题的有效的解决不仅是对自然规

---

① 林定夷. 问题与科学研究：问题学之探究［M］. 广州：中山大学出版社，2006：87.

律的科学探索，而且科学问题在求解过程中也不断被权力所重构。这样，解决了的科学问题才能更进一步达到"重塑"整个世界的地位。

三、 科学问题的政治品格

科学问题与权力是相互关联的，这不是强调科学问题与选举权、监督权、立法权等权力是同样的。从科学实践哲学视阈下探析科学问题的政治意义，要同时在微观和宏观两个层次上展开分析：在微观层次上，主要涉及科学问题在实验室内的生成与分析、研究与解决，以及新问题的再生等方面和权力的密切关系；在宏观层次上，主要涉及科学问题随着科学知识以及科学实验扩展到实验室之外，在日常生活中产生的深度政治影响。科学问题在实验室内外的政治影响不是强调权力的压制性作用，而是强调权力的生产性作用。这关注的不仅是权力对科学问题的研究和实践过程的生产性渗透，还有科学问题的产生与解决包含着的权力关系和权力效果。

1. 科学问题随权力"重塑"实验室空间

科学问题经历观察、实验、假说、推理等过程得到解决，从而又提出新的问题：观察过程类似于福柯的监视策略，观察提供了一种使认识对象的在场和活动完全可见的展现方式，从而对认识对象进行质问和判断。实验不仅是科学问题赖以产生的土壤，也是解决科学问题必不可少的一环。在劳斯看来，实验室环境类似于福柯的监狱环境，实验室实践类似于福柯的规训实践。实验室环境集中了科学实践、技能和设备，不仅使得研究对象能更精确地被测量、计算、分解和重构，还使科学活动的智能主体被建构成被描述和监视的对象。"科学实践和科学成果是重构世界的强大力量。"[①] 在劳斯看来，权力不仅规训科学知识，而且生产科学知识，进而有助于"重构"世界。在实验室世界中，科学问题随着科学知识、技术以及设备在实践活动中"重塑"微观世界。

科学问题本身的产生与人类的智能活动过程密切相关，离不开具体的科学实践过程。权力渗透在科学实践的方方面面：一方面，精心构造的实验室环境紧密地控制和监视我们的实践活动，对我们形成了严苛的制约；另一方面，简化的实验室世界规训了更人为的复杂性和更紧密的耦合关系。在严密的实验室环境下，智能活动主体带着科学问题更加明确地开展科学实践，从而推进原有的研究，从而使科学问题不断"重塑"智能主体的背景知识，影响科学实践能力。"一方面，技术建构变得越来越复杂，并且更具紧密耦合性；另一方面，自然环境被人为地简化了、受到了控制，并被剥夺了某些自我调节能力和缓冲能力"[②]。

比如，从 2017 年 4 月到 2019 年 4 月，200 多名科研人员通过事件视界望远镜（Event Horizon Telescope，EHT）对室女座星系 M87 中心的超大质量黑洞进行观测，拍出了第一张黑洞照片。精心策划的实验室环境严苛地制约着观测过程：为了确定适合的观测对象，不得不对黑洞的质量及其与地球的距离进行限定，EHT 最终瞄准了两个目标：人马座 A ＊（距离地球 2.6 万光年，质量约为太阳的 400 万倍）和室女座星系 M87 中央的超大质量黑洞（距离地球 5 500 万光年，质量约为太阳的 65 亿倍）。此外，为了使有效观测口径将达到地球直径大小，科

① 劳斯. 知识与权力：走向科学的政治哲学［M］. 盛晓明，邱慧，孟强，译. 北京：北京大学出版社，2004：240.
② 劳斯. 知识与权力：走向科学的政治哲学［M］. 盛晓明，邱慧，孟强，译. 北京：北京大学出版社，2004：245.

研人员构建了分布于全球的 8 个射电望远镜阵列，组成一个近似地球直径大小的虚拟望远镜网络。

实验室条件下黑洞的观测过程简化了研究环境，但是规训了更人为的复杂性和更紧密的耦合关系。在简化的实验室环境下，科研人员不是单纯地对黑洞进行直接的观测，他们还要根据理论预测对黑洞照片进行模拟和建构；依据专业化的超级计算机对观测数据进行分析和处理；将观测结果与模拟过程进行复杂的计算和类比……科研人员带着对黑洞的科学问题在实验室环境中开展科学实践，拍摄出第一张黑洞照片，从而推进对原有黑洞问题的研究。这一直接的视觉证据，不仅证明爱因斯坦广义相对论在极端条件下仍然成立，还能证明科学问题不断"重塑"科学家的背景知识，影响人类的科学实践能力。

2. 科学问题随权力对生活世界的"控制"

我们不能把实验室微观世界与日常生活世界完全割裂开来，在实验室之外的情境拓展同样能够发现新的科学问题与权力关系的延伸，它们渗透在日常生活的方方面面，"重塑"着我们的日常生活，改变着我们对自身和世界的理解。实验室中科学问题与权力的关系向实验室之外的延伸才更能说明劳斯的科学实践哲学视角想要表达的宗旨，"我们之所以把科学家及其物质材料与研究对象之间的关系看做是权力关系，不仅是因为实验室活动的特殊性，而且也因为它们在其他情境中也将产生政治效果"①。科学问题与权力的关系从实验室向外拓展同样造就了智能主体的新的科学理解，产生了新的权力操纵和控制能力，并且导致了新的技术应用网络和社会结构网络的出现。

---

① 劳斯. 知识与权力：走向科学的政治哲学［M］. 盛晓明，邱慧，孟强，译. 北京：北京大学出版社，2004：240.

科学问题对日常生活实践最显见的影响是各种技术更新从实验室世界向外部世界转译，并且逐渐"控制"我们的日常生活，在科学问题的转译中，人们致力于消除原初社会状态的自然性，从而获得更多的关于科学问题的社会实践，这就不得不进行更加耦合性的技术干预，以实现对日常生活世界更加人为的复杂性控制。

第一张黑洞照片的事实证明，被数学-物理模型所证实的宇宙黑洞确实存在，目前科学家关于黑洞的科学问题的研究方向也是正确的。关于黑洞问题的研究不仅在实验室内部渗透着科学问题与权力的密切关系，对实验室之外其他领域的影响也不可忽视，黑洞研究的进展不仅提升了普通大众对于宇宙的起源和进化的认知，还操纵与控制了日常生活的方方面面。比如，世界各地对"人造黑洞"问题的研究：2009年10月15日，《科学》杂志宣布，世界上第一个可以吸收电磁波的"微波人造黑洞"在中国东南大学毫米波国家实验室里诞生，预计在未来它还可以吸收光。"人造黑洞"的日常应用使智能主体努力服从于不断更新的科学实践，黑洞研究的扩展使日常生活世界更具紧密的耦合性和复杂性。"因为为了运用在实验研究中研发出来的知识，必定会使自然的复杂性——它允许系统具有更为松散的耦合性——遭到破坏"①。

科学问题在实验室的生成、分析、解决及其所带来的技术、设备等在日常生活世界的扩展之间存在着积极的互动。实验室所呈现之科学问题的实践转译为日常实践，两者共同发挥着积极的生产性作用；科学问题从它们的互动中获得了"重塑"世界的力量。恰如劳斯所说，"实验室实践、材料和方法的转译产

---

① 劳斯. 知识与权力：走向科学的政治哲学 [M]. 盛晓明，邱慧，孟强，译. 北京：北京大学出版社，2004：276－277.

生了诸多效果，对这些效果的鼓励、保护、控制、利用和修正明显是政治活动的重要组成部分"①。

四、 科学问题对世界的重塑

从更加宽泛的意义上对科学问题与权力的关系进行扩展，势必会看到科学问题与权力的相互渗透：权力不但从外部规训与压制科学问题的产生与解决，而且权力关系本身就渗透在涉及科学问题和科学知识的日常生产与生活的方方面面，世界就是科学问题与权力相互交织作用下所呈现的样子。科学问题在实践活动中进行转换与解决，产生相应的权力效果，权力通过生产性的实践方式制约并"重塑"了处于特定情景下的智能主体和实践环境，科学问题与权力在实验室内与实验室外产生着深度的政治影响。

在微观实验室环境下，科学问题和权力的密切关系不仅体现在科学问题的生成、分析、转换与解决，以及新科学问题的再生和科学问题的"地方性"建构等方面；还体现在权力情景性地"重塑"着实验室智能主体和实验室微观世界。科学问题的生成和发展离不开智能主体、实验用具和实验场景等所塑造的实践环境，权力恰恰是其所塑造的实践的特性，而不是其中的某种事物或者关系。与权力相关的，是处于其中的科学问题对实践活动本身的"重塑"方式，以及对智能主体及其可能的行动者的限制和"重塑"。因此，我们必须从权力的意义上理解科学问题，这种解读针对的不是传统的"权力"一词的含义，而是扩展之后的权力的含义。劳斯揭示了权力对知识的生产性评估的另一种理解，"这种替代方案旨在解释权力关系的重要方

---

① 劳斯. 知识与权力：走向科学的政治哲学 [M]. 盛晓明，邱慧，孟强，译. 北京：北京大学出版社，2004：241.

面，以及知识的生产和评估"①。科学实践哲学视阈下的各种实践本身包含着重大的政治意义，自然科学也因此可以被纳入更加广泛的政治实践中。科学问题的生成、分析、转换、解决与政治实践不可分离，而其自身的权力影响恰恰是这些实践的组成部分。在宏观日常生活实践中，科学知识以及它所蕴含的科学问题成为权力的统治和限制形式，对科学问题的研究过程渗透着权力关系。在这种意义上，生活世界是一种制度性的权力"机关"，权力把智能主体"重塑"成实践行动者。在科学问题的生成、发展与解决中，在每一种限制和利用的具体实践中，都可以发现关于科学问题的新知识和新的权力运作方式。科学实践活动运用且加强了这些权力形式，因而具有重大的政治意义。

1. 监视策略使科学问题透明化

权力运作的限制过程体现在科学问题的研究进程中，权力所施加的规范成为智能活动中的操作法则，权力规范使智能主体建构更为精确、细致的技能和活动。同样，权力规范的运行也产生了关于科学问题的新知识。其中最为突出的权力规范是监视策略，监视使被研究的科学问题的实践活动变得透明。"福柯探讨了纯粹的监视建筑。众所周知，他把边沁（Bentham）的全景敞视建筑（panopticon）重新解释为监狱（或学校、工厂等）的理想模式"②。倘若边沁的全景监狱可被视为一张权力之网，那么对科学问题的观察本身也带来了权力运作的限制方式，使得观察对象的特征变得可见。例如，科学家通过事件视界望远镜对室女座星系 M87 中心的黑洞进行观测、分类、规定和限制的

---

①　ROUSE J. The dynamics of power and knowledge in science ［J］. The Journal of Philosophy，1991，88（11）：658 - 665.

②　劳斯. 知识与权力：走向科学的政治哲学 ［M］. 盛晓明，邱慧，孟强，译. 北京：北京大学出版社，2004：229.

同时，也为黑洞精心构建出新的符号（大小、颜色、外观等等）及关于这些符号的新的科学问题（质量、体积、密度等等）。

2. 书写技术使科学问题规范化

权力运作的限制过程还体现在对科学问题的记录与保存过程中，"检查把个体置于监视之下，也把他们置于书写网络之中；它使人陷入文件的海洋，因为这些文件俘获并限定了他们。检查程序同时伴有一个集中登记和文件汇集的制度"①。书写技术使科学问题规范化为知识的对象，例如，对黑洞的观测数据进行汇编和处理是使观察结果得以保存的最佳策略，对观察符号的记录与保存使得科学问题本身以特殊的方式进行自我呈现。

3. 空间规划使科学问题地方化

对智能主体的空间规划使得主体成为地方性的科学共同体，并且塑造了智能主体与科学问题的互动方式，恰如迈克尔·波兰尼所说，"今天的科学家不能孤立地从事其行当。他必须在某个组织框架内占据一个明确的位置"②。实验室的空间规划建构出了特殊的隔离体系，为智能主体提供了自我理解和实践的地方性局限。"对人进行封闭、组合、分类、隔离和分割的诸种方式代表了相关的权力/知识的空间组织"③。通过空间隔离不仅对智能主体进行规范和控制，还使科学问题在实验室实践中被建构为地方性知识。

监视策略、书写技术和空间规划对科学问题的影响不是各自分离的，而是相互建构为一个紧密的权力网络，恰如劳斯所说，"这些技术策略相互结合，以多少带有连贯性的方式共同对

① D'AMICO R. Discipline and punish: the birth of the prison [J]. Telos, 1978 (36): 169-183.

② POLANYI M. The logic of liberty: the reflections and rejoinders [M]. London: Routledge and Kegan Paul Ltd., 1951: 53.

③ 劳斯. 知识与权力: 走向科学的政治哲学 [M]. 盛晓明, 邱慧, 孟强, 译. 北京: 北京大学出版社, 2004: 231.

人进行管理和组织"①。权力网络不仅促进科学问题的生成与发展，推动科学问题的解决与应用，同时还把智能主体构造成生产性的，科学问题与权力的相互关系随科学知识从实验室内扩展到实验室之外，使日常生活的智能主体努力适应和服从于不断更新着的科学实践，在"重塑"智能主体的同时，使日常生活世界更具人为的耦合性和复杂性，从而"重塑"整个世界。一方面，特定的科学问题及其可能的应用有助于我们用新思想、新设备以及新技术来重构我们赖以生存的世界；另一方面，我们努力实现对日常生活世界的耦合性干预和复杂性控制。

各种各样的实践活动都渗透着权力制约关系，我们的选择、判断及相应的行动都受到扩展了的科学问题与权力关系的限制和操纵。恰如劳斯所说，"我们既是认知的主体，又是被认识的对象；既是强有力的行动者，又是权力规训的目标；我们既受到限制和操纵，又是操纵的服务对象，操纵所实现的恰恰是我们的价值"②。

本节在科学实践哲学视阈下探析科学问题在实验室内外的政治影响，揭示了权力在科学问题的生成与发展、解决与应用等过程中的独特价值。科学问题与权力不是截然区分，而是紧密联系的：权力不仅规训科学问题，而且促进科学问题的生产性应用；科学问题随着科学知识在实验室内外产生深度的政治影响，改变着我们对自身和世界的理解，在"重构"世界的过程中扮演着重要的角色。"一方面，特定的科学概念和科学发现本身对我们赖以发现自身的可能的行动领域产生着重大的影响。

① 劳斯. 知识与权力：走向科学的政治哲学 [M]. 盛晓明，邱慧，孟强，译. 北京：北京大学出版社，2004：232.

② 劳斯. 知识与权力：走向科学的政治哲学 [M]. 盛晓明，邱慧，孟强，译. 北京：北京大学出版社，2004：260.

然而，也许更为重要的是，我们努力使世界顺从于各种科学创新，顺从于持续不断的科学实践"①。

第二节　科学问题的情境关涉②

本节以约翰·杜威的探究理论为例研究科学问题的情境性。

探究理论是杜威科学哲学观的基石，其中蕴含了杜威科学哲学的主题——"科学的逻辑"（scientific logic），也蕴含了杜威独特的问题观。杜威认为科学研究起源于不确定性所导致的认知困境，而探究是为了解除困惑。但杜威探究理论的本质并不是解决问题，而是明确问题。科学问题是特殊情境的产物，情境和实践判断决定了科学问题的提出方式及解答方向。探究的过程，是通过调整行动者（human agent）和情境之间的关系使问题明确。杜威科学观具有重要的科学实践哲学意蕴。

一、 未被重视的杜威科学哲学观

杜威作为实用主义的集大成者，主要以其哲学、教育学、伦理学等理论，以及民主思想著称于世，而其科学哲学与科学方法论方面的成就却鲜被关注。

事实上，正如当代美国学者马修·布朗（Matthew J. Brown）③所言，"杜威的职业生涯不仅起步于一个哲学家，而且起步于一个

---

① 劳斯. 知识与权力：走向科学的政治哲学［M］. 盛晓明，邱慧，孟强，译. 北京：北京大学出版社，2004：240.

② 本节原文发表于：刘敏，董华. 问题蕴含与情境关涉：杜威探究理论的科学实践哲学意义［J］. 自然辩证法研究，2019，35（7）：28–33，有改动。

③ 马修·布朗现任美国得克萨斯大学的科学哲学教授，该校科学技术价值研究中心主任，主要研究领域是科学哲学、科学技术学与认知科学，致力于杜威研究。

对方法论感兴趣的执业科学家（practicing scientist）"①。然而，布朗认为，当代的科学哲学家中几乎没有人从事杜威的科学哲学理论研究，而杜威逻辑学的研究者们也鲜有研究其科学哲学思想的。布朗认为，事实上，杜威的逻辑理论为科学哲学提供了重要资源，杜威在《哲学的改造》《经验与自然》《确定性的追求：知识与行为的关系研究》《实验逻辑》《人的问题》等许多重要论著中都直接谈及对科学的看法与研究。

杜威科学观也受到其女儿珍妮·杜威（Jane Dewey）的影响。珍妮·杜威是麻省理工学院的物理学家和物理化学家，她曾经受教于尼尔斯·玻尔和沃纳·海森堡，并成为量子光学的先驱。珍妮对父亲杜威在科学方面的影响，可以从杜威晚期作品的参考文献中对量子物理学家如海森堡和狄拉克（P. A. M. Dirac）等文章的引用看出，这些作品如《确定性的需求》《逻辑》《时间与个人》等。②

有趣的是，尽管当今的哲学家不把杜威看作是科学哲学家，"但是在 20 世纪的前 30 年，科学哲学大概是杜威声誉中最重要的方面"③。杜威的科学哲学理论曾被很多哲学家提及并引用，如赖欣巴哈 1939 年发表的《杜威的科学理论》④；霍克（Sidney

---

① BROWN M J. John Dewey's logic of science ［J］. Hopos the Journal of the International Society for the History of Philosophy of Science，2012，2（2）：259.

② 参见 The Quest for Certainty ［LW. Vol. 4，1929］，Logic：The Theory of Inquiry ［LW. Vol. 12，1938］），Time and Individuality ［LW. Vol. 14，1939—1941］。文中引用杜威著作依照惯例，EW 表示杜威《早期著作集》，MW 表示《中期著作集》，LW 表示《晚期著作集》，南伊利诺伊大学出版社 1983 年出版。The Early Works（EW）：1882—1898，The Middle Works（MW）：1899—1924，The Later Works（LW）：1925—1953. Southern Illinois University Press.

③ MIROWSKI P. The scientific dimensions of social knowledge and their distant echoes in 20th-century american philosophy of science ［J］. Studies in History and Philosophy of Science Part A，2004，35（2）：283 - 326.

④ REICHENBACH H. Dewey's theory of science ［C］//SCHILPP A. The philosophy of John Dewey. Evanston, IL：Northwestern University Press，1939：159 - 192.

Hook）1950 年发表的《约翰·杜威：科学哲学家和自由》①；内格尔（Ernest Nagel）1950 年发表的《杜威的自然科学理论》②等等。杜威研究者布朗认为，杜威评论者常常曲解杜威的理论，特别是其在科学哲学方面的深远意义。笔者认为，杜威的理论对于近几年来国外从事"科学实践"（science in practice）的科学哲学家具有特别的价值与贡献。

本节在科学哲学视阈下，立足杜威的探究理论，研究杜威的探究模式对科学问题的关注、情境对科学问题生成的意义、科学问题提问方式的情境关涉等问题，并初步探析杜威科学观的科学实践哲学意义。

二、 杜威科学哲学的逻辑起点及其问题观

"杜威科学哲学理论的核心是'探究理论'（the theory of inquiry）——被他称为'逻辑'（logic）"③。理解杜威科学哲学的关键就是理解其中的逻辑：探究理论。探究理论本身蕴含了杜威独特的问题观。

1. 探究模式内涵的变迁

杜威关于逻辑、思想、探究等关系的思考，最早出现在其 1900 年的论文"逻辑思想的几个阶段"中。杜威在《我们如何思考》及《确定性的寻求》等著述中对探究的具体方法进行了探讨。而杜威关于探究模式的定义与阐释，经历过几个阶段的变迁。

---

① HOOK S. John Dewey, philosopher of science and freedom: a symposium [M]. New York: Dial Press, 1950.

② NAGEL E. Dewey's theory of natural science [M]//HOOK S. John Dewey, philosopher of science and freedom: a symposium. New York: Dial Press, 1950: 231 – 248.

③ BROWN M J. John dewey's logic of science [J]. HOPOS: The Journal of the International Society for the History of Philosophy of Science, 2012, 2 (2): 258.

杜威在 1910 年《我们如何思考》（*How we Think*）的第一版中提出的"探究五步法"包括以下阶段："（1）感到困难；（2）描述困难的情境并将之描述为一个'问题'；（3）提出可能的解决建议；（4）对假设进行推理；（5）进一步观察和验证，从而得出同意或抛弃假设的结论，即给出相信（belief）或不信任（disbelief）的结论。"① 在这一版中，杜威只提出了从"不确定性"到"探究"，再到"确定性"的线性维度。

而在 1933 年《我们如何思考》的修订版中，杜威明确阐述了一个二维结构的探究模式。并在修订版中加了副书名"重申反思性思维与教育过程的关系"（如图 1 所示）。

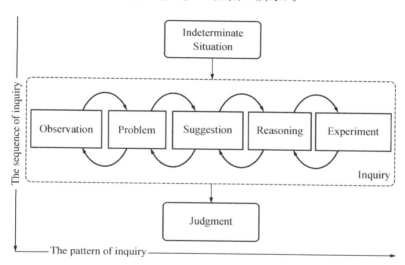

图 1　杜威探究理论的两个维度②

在修订版中，杜威重新阐释了探究模式，"在两个维度之间，探究者思考的状态包括：（1）建议，建议内在地体现了思维朝着具有可能解决方案的方向跳跃；（2）困惑的智力化

①　DEWEY J. How We Think［M］. Lexington，Mass：D. C. Heath，1910.

②　BROWN M J. John Dewey's logic of science［J］. HOPOS：The Journal of the International Society for the History of Philosophy of Science，2012，2（2）：280.

（intellectualization）表现，这种困惑已经（通过直接经验）被感受到会成为一个可以解决的问题（problem），一个会被寻找到答案的问题（question）；（3）使用几个建议中的某一个，作为一个主导思想或假说，在搜集事实材料的过程中，开启（initiate）和引导观察和其他操作；（4）对想法或假设进行心智上的（mental）加工细化（对于最终的推断来说，推理只是其中的一部分，而不是全部）；（5）通过显性的（overt）或富于想象力的（imaginative）的行动检验假说"①。

从杜威对探究五阶段之含义解释的变化上，看得出其思维的变化，更加强调行动者与情境的相互影响，强调行动者思考的主观性及选择性对探究过程进展的影响。

第一个维度（纵向）是线性的时间序列维，杜威描述了探究的起源和目的。杜威认为，探究起源于一个模糊的情境（indeterminate situation），探究者将之作为一个有问题的情境而提出来；探究结束于一个判断（judgment），在这个解决方案中，将原来不确定的情形转化为一个相对确定而一致（unified）的情形。所以，探究的三个时间段顺次是：模糊的情境——探究——判断。杜威认为，"探究的目的和最终产物是判断（judgment）"②。判断将以前不确定的情境转变成了确定的情境。

第二个维度（横向）是非线性的功能维，意在表明探究如何被"控制和定向"（controlled and directed）。事实上，在第二维度的各个环节，充满了探究者的智力、见地、认识水平、意向，甚至价值观判断等主观意志的影响。这就对整个探究过程

---

① DEWEY J. Essays and How We Think，Revised Edition. LW. Vol. 8，1925—1953：1933［C］. Carbondale and Edwardsville：Southern Illinois University Press，1986：200.

② BROWN M J. John Dewey's logic of science［J］. HOPOS：The Journal of the International Society for the History of Philosophy of Science，2012，2（2）：280.

中价值判断的生成和贯穿提供了机会。

以上修订模式中，"这五个阶段是杜威对探究模式所做的最清晰、最成熟的阐述"，"这对于理解杜威探究模式图中的第一维时间序列维和第二维功能维之间的关系是至关重要的"①。在时间序列维中，探究是个中介；在非线性的功能维中，每个阶段的功能各不相同。布朗认为，很多人容易犯这样的错误，即认为探究模式的第二维度（横向）的几个阶段是线性关系的或截然不同的种类（distinct categories）。这个误读可能会进一步误导今天的读者，因为这从表面上看来，与动画片一步一步教小学生做事情似的"科学方法"的版本很相似。杜威明确认为这是一个错误："我们所记录下的这五个阶段，终端，或者思维功能，并不是在一套程序中一个接一个地进行的。"② 它们之间的关系并不是顺序相接的，而是随时变动的、非线性的。

探究的过程，其实也是价值生成的过程。价值在选择中生成。而就行动者的主动性与探究的过程性这一点而言，探究理论具有明显的科学实践哲学意蕴。

2. 探究实质的争议及其科学实践哲学意蕴

关于"逻辑"，逻辑实证主义者与杜威在观点上有分歧，并产生过争议。受逻辑实证主义者影响的人往往不认为杜威的"逻辑"是逻辑。如卡尔纳普认为杜威的逻辑并非真正的"逻辑"，而是一种"思考的艺术"（art of thinking）。③ 对此，布朗持有不同意见，他认为，"事实上，杜威的观点更多地继承了从

---

① BROWN M J. John Dewey's logic of science [J]. HOPOS: The Journal of the International Society for the History of Philosophy of Science，2012，2（2）：282.

② DEWEY J. Essays and How We Think, Revised Edition. LW. Vol. 8, 1925—1953：1933 [C]. Carbondale and Edwardsville：Southern Illinois University Press，1986：206.

③ CARNAP R. Logical foundations of probability [M]. 2nd ed. Chicago：The University of Chicago Press，1962：40.

康德到穆勒再到现代逻辑的逻辑传统"①。杜威的逻辑是一般的、标准的逻辑理论，涉及形式和内容的关系，以及各种类型推理的本质。同时，布朗认为，事实上，杜威研究了逻辑哲学中的核心问题——形式逻辑的起源和正当性问题。

那么，杜威的逻辑——探究理论的内容与实质究竟是什么呢？

与很多人的误解不同，杜威本质上并没有将探究理论作为一种解决问题的工具。当代科学哲学家麦克马林（Ernan McMullin）曾把杜威的探究理论当作是一种解决问题的理论，从而与库恩和劳丹的理论联系起来。② 布朗认为，这样虽然也不错，但这过于简化了杜威探究理论的重要性。按照杜威的观点，"最基本的探究概念，是对一个不确定情境的测定/确定"（determination of an indeterminate situation）③。笔者认为，杜威意义上的探究过程，实际上是提出问题，或者说是力图准确地表述问题，而不是解决问题的过程。"杜威意义上的探究，是作为一种克服不确定性情境的尝试"④，他有时将这种不确定性情境称之为"困惑"（perplexity）。

学界对探究实质的解读维度很多，也多有争议。杜威对探究的定义是，"探究是一种受控制和指导的转换，这种转换把一种模糊不清的情境转变为一种在其组分的区别与联系上非常确定而清晰的情境，以至于把原始情境的成分转化为一个统一整

① BROWN M J. John Dewey's logic of science [J]. HOPOS: The Journal of the International Society for the History of Philosophy of Science，2012，2（2）：266.

② MCMULLIN E. Discussion review：Laudan's progress and its problems [J]. Philosophy of Science，1979（46）：623-644.

③ DEWEY J. Logic：The Theory of Inquiry. LW. Vol. 12，1925—1953：1938 [C]. Jo Ann Boydston. Carbondale and Edwardsville：Southern Illinois University Press，1986：3.

④ BROWN M J. John Dewey's logic of science [J]. HOPOS: The Journal of the International Society for the History of Philosophy of Science，2012，2（2）：274.

体（a unified whole）"①。所以，探究是一个试图将一个不确定的情境或困惑转变为一个清晰的状态（相对于那种特定的不确定性或困惑而言）的过程。

同时需要注意的是，根据杜威的科学观，科学研究不是起源于"问题"，而是困境，或者说是困境意识（或困难意识）。探究的前提有困惑存在，探究的结果是形成一个确定的判断，是解除困境，而不是解决问题。事实上，在探究理论中，杜威始终将探究的过程、情境、行动的目的与对"问题"的理解联系在一起，将"问题"的生成与"困惑"的解除联系在一起。他认为，"所谓知识或者认知对象，都意味着有一个要去被加以解答的问题，被加以处理的困难，需要被澄清的困惑，需要被融贯的矛盾，以及需要被控制的疑难"②。这样看来，"当人们的探究所得出的结论解决了引发人们进行探究的问题时，知识便产生了"③。就这一点而言，杜威的科学观具有很鲜明的科学实践哲学意蕴。

三、 科学问题是特殊情境的产物

探究的发生来自情境，并被情境所引导。按照杜威的科学观，行动者与情境的互动过程是科学问题产生和逐渐明确的过程。理解情境是什么，是理解杜威科学观及其探究理论的先决条件。

---

① DEWEY J. Logic：The theory of inquiry. LW. Vol. 12，1925—1953：1938［C］. Carbondale and Edwardsville：Southern Illinois University Press，1986：108.
② DEWEY J. The quest for certainty：A study of the relation of knowledge and action. LW. Vol. 4，1925—1953，1929［C］. Carbondale and Edwardsville：Southern Illinois University Press，1984：181.
③ DEWEY J. The quest for certainty：A study of the relation of knowledge and action. LW. Vol. 4，1925—1953，1929［C］. Carbondale and Edwardsville：Southern Illinois University Press，1984：158.

1. 情境是内在关联但相对独立的整体

"杜威的情境主义在原子论与整体论之间提供了一个中间路径，它用一种语境主义（contextualism）代替了普遍主义（universalism）"①。罗素（Russell）明确认为在原子论和整体论之间没有中间路线，而杜威的观点恰好相反。杜威的目标是避免一方面使用"原子论特殊主义"和"分析谬误"，另一方面"无限制的扩大化和一般化"，他认为应该通过"上下文情境"（contextual situations）保护"联结和连续性"（connection and continuity）在经验世界中的展现，而任何一般化（generalization）只能提供"有限的情境"（limiting conditions）②。

杜威拒斥那种认为经历包含着绝对孤立细节的观点。"在现实的经历中，从来没有任何一个孤立的、单独的物体或事件。任何一个物体或事件，总是一个浸润着（environing）经历的世界的特殊的一个部分、片段或方面——这就是一个情境（situation）"③。所以，一个浸润着经验的世界（an environing experienced world）是理解杜威意义上的"情境"的关键。

而杜威又是怎样定义"经验"的呢？事实上，杜威意义上的经验（experience）是有机体（organisms）和环境之间的一种特殊的相互作用（interaction），一个情境就是一个具有整体性、统一性和综合性的"世界"。不是"大世界"（The Word）的世界，而是比如"网球界""工程师界"等相对有界线的小世界。杜威认为，情境（situations）具有复杂的结构，它们包括焦点、

① BROWN J. John Dewey's logic of science [J]. HOPOS: The Journal of the International Society for the History of Philosophy of Science, 2012, 2 (2): 258 - 306: 268.

② DEWEY J. Context and thought. LW. Vol. 6, 1925—1953: 1931—1932 [C]. Carbondale and Edwardsville: Southern Illinois University Press, 1985: 7 - 8.

③ DEWEY J. Logic: The theory of inquiry. LW. Vol. 12, 1925—1953: 1938 [C]. Carbondale and Edwardsville: Southern Illinois University Press, 1986: 72.

前景、背景、视野等。但同时，情境一定是一个整体（the whole），"一个情境凭借它直接而普遍的物质形成一个整体"①。所以，情境是一个包含着情感的经历，但并不是一个纯主观的状态，情境包括了真实的客体、事件、行动者（agent）、经历、或者体验的质的统一体。

很多人不能准确理解杜威这一情境思想，因而导致了许多对杜威理论的误解。罗素就是一个例子。布尔克（Burke）曾有力地批判过这一点，他说，罗素并没理解杜威情境理论的核心思想，这成为罗素错误地解释以及错误地评估杜威整个逻辑理论的原因之一。

杜威对情境的理解所包含的整体性思想与地方性理念同科学实践哲学具有一致性。杜威认为情境是一个整体（the whole），"情境"代表了包含大量不同元素的事物存在于很宽泛（wide）的时空领域，但是，它们有自己的独立单元。② 科学问题是特殊情境的产物。如果没有特定的情境所引起的疑难，则不会产生科学问题与科学行为。这与约瑟夫·劳斯的地方性知识观的主张相吻合。劳斯明确主张，"我在这个问题上所持有的观点是整体论的：如果不理解并运用诸多相关事物，你就不可能为了某种目的而操纵事物。在科学研究实践情境中显现出来的事物，构成了一张复杂的网络"③。

杜威的情境理论中对情境的界定、对科学问题与情境关联的描述、对知识产生过程的理解，与劳斯科学实践哲学中的地

① DEWEY J. Logic: The theory of inquiry. LW. Vol. 12，1925—1953：1938 [C] . Carbondale and Edwardsville：Southern Illinois University Press，1986：73.

② DEWEY J. Knowing and the known. LW. Vol. 16，1925—1953：1949—1952 [C] . Carbondale and Edwardsville：Southern Illinois University Press. 1984：281 - 282.

③ 劳斯. 知识与权力：走向科学的政治哲学 ［M］. 盛晓明，邱慧，孟强，译. 北京：北京大学出版社，2004：152.

方性知识观有高度的一致性。劳斯在阐述知识与权力的关系时指出，"行动者总是在多少确定的情境中行动，对他们而言什么行动是可能的，取决于他们所处的情境"①。

2. 科学问题是特殊情境的产物

探究理论表明，科学问题来自情境，每一个科学问题都是特殊情境的产物。提问方式及问题的指向来自情境。一个问题，或者一个问题的陈述，是一个对困惑来源（source）的明确表达，即它陈述了困难是什么以及哪些因素造成了这个困难。"一个问题问得好，本身就使其解决了一半"（A problem well-put is half-solved）②，事实上，我们也可以说一个问题表述得完美就接近于它被彻底地解决（entirely solved），因为我们设置问题的语境和情境非常重要。我们不可能将一个问题的陈述设置到石头里，直到发现它的解决办法。而是只有我们重新表述这个问题时，才可能发现解决办法。

探究的全过程，始终是围绕问题的挖掘与呈现而进行的。"在探究中，事实最重要的功能，是决定问题是什么"③，问题的表述（或呈现）是探究的重要任务。相关语境决定了所要提出的问题以及对它的解释。同时，价值的来源也在情境，"'界定'价值的唯一方法是'指'存在情境，只有在存在情境中才能发现具体的性质"④。

最后，需指出，杜威界定的情境，不是某种模糊的形而上

---

① 劳斯. 知识与权力：走向科学的政治哲学［M］. 盛晓明，邱慧，孟强，译. 北京：北京大学出版社，2004：中文版作者序 2.

② DEWEY J. Logic：The theory of inquiry. LW. Vol. 12，1925—1953：1938［C］. Carbondale and Edwardsville：Southern Illinois University Press，1986：112.

③ BROWN M J. John Dewey's logic of science［J］. HOPOS：The Journal of the International Society for the History of Philosophy of Science，2012，2（2）：287.

④ 杜威. 评价理论［M］. 冯平，余泽娜，等译. 上海：上海译文出版社，2007：143.

学的实体。杜威理论要求识别的情境包括普通客体、事件、行动者、实践或探究的相关环境的相互作用，以及在定性的统一情境中的感性要求。同时，边界的模糊性和情境的重叠，可能导致对问题的分类和解释具有开放性。换句话说，杜威的情境理论表明，问题的提出方式及目标指向都来自具体情境，并且情境是变动的。这使得实践或行动的解释并不神秘。

依据杜威的科学观，情境、经验、问题、价值及其生成的关系值得重视。关于杜威科学观中问题及其价值生成，笔者将另篇论述。

四、 探究理论的问题学启示

综上所述，杜威的探究理论、问题观，进而其科学观，在阐发困难意识、问题蕴含以及问题的情境关涉等方面，具有深厚的科学实践哲学意蕴。笔者总结杜威探究理论与其充满实践意蕴的科学哲学观之内在关联，可归纳为如下方面：

首先，杜威探究理论蕴含了一种问题导向、实践导向的科学观，这与科学实践哲学反对"理论优位"、主张"实践优位"的科学观意蕴一致。劳斯主张，"科学研究是一种寻视性的活动，它发生在技能、实践和工具（包括理论模型）的实践性背景下，而不是发生在系统化的理论背景下"[①]。如本章上节所述，杜威认为探究活动无法依据现成的理论模式，探究的进展依赖于实践主体的参与和对情境的判断。杜威认为探究的全过程，始终围绕问题的挖掘与呈现而进行。"在探究中，事实最重要的功能，是决定问题是什么"[②]，即问题的表述（或呈现）是探究的重要任务。相关语境决定了所要提出的问题以及对它的

[①] 劳斯. 知识与权力：走向科学的政治哲学 [M]. 盛晓明，邱慧，孟强，译. 北京：北京大学出版社，2004：101.

[②] BROWN M J. John Dewey's logic of science [J]. HOPOS：The Journal of the International Society for the History of Philosophy of Science，2012，2（2）：287.

解释。

其次，杜威的情境理论与劳斯的地方性知识观对情境的重视意蕴一致。一方面，二者均主张科学在实践中、实践在情境中；另一方面，二者均主张情境具有可变性。如前文分析所述，杜威认为，科学问题的提问方式及问题的指向均来自情境。劳斯也主张，"科学中并不存在普遍适用的合理的可接受性标准。存在的仅仅是在下述问题上初步达成的共识：可以假设什么、可以（或必须）论证什么，对任何既定的目标和情境来说什么是不可接受的。目标和情境多种多样，而且随时间的流逝会发生重大变迁"①。如前文所述，杜威明确表示，探究模式的五个阶段（横向）并不是线性的、顺序相接的，而是随情境变动的、非线性的。在探究理论中，杜威始终将探究的过程、情境、行动的目的与对"问题"的理解联系在一起。

再次，杜威探究理论中体现出明确的过程性思想（探究五步法本身展示的就是非线性的过程性），这与劳斯科学实践哲学主张的参与性、介入性视角有相同意蕴。科学实践哲学主张，应该把科学当作实践活动来理解，"科学研究与我们所做的其他事情一道改变了世界，也改变了世界得以被认知的方式。我们不是以主体表象的方式来认识世界，而是作为行动者来把握、领悟我们借以发现自身的可能性"②。事实上，在杜威看来，"困惑（perplexities）和问题不是出自纯粹的智力思考，而是出自在处理情境（navigating situations）和成功处理事务（successfully

---

① 劳斯. 知识与权力：走向科学的政治哲学［M］. 盛晓明，邱慧，孟强，译. 北京：北京大学出版社，2004：128.

② ROUSE J. Knowledge and power：Toward a political philosophy of science ［M］. Ithaca：Cornell University Press，1987：25.

conducting affairs）时所经历的困难"①。而探究的过程，就是通过改变行动者和环境之间的关系，发现和解决困惑的过程，实际上就是明确问题（question）的过程。这与劳斯的科学实践哲学所倡导的地方性知识观和"实践优位"的科学观意蕴一致。

最后，在我们如何理解世界、如何通达被表象的世界本身的问题上，二者都强调实践的意义。杜威认为，探究的过程是一个体现行动者（human agent）活跃性的过程。前文上一点杜威认为探究过程中对情境的处理和对困难的经历本身就是通达世界本身的过程。对此，劳斯明确反对奎因的主张——"对于科学而言，所有的证据都是感官证据"②。他认为，"我们已经在实践活动中参与了世界，世界就是我们参与其中的那个东西"。即实践本身就是在参与世界，不存在如何通达的问题。因而，"决定这些问题的并不是感官的生理限制，而是实践者共同体的行为性判定"③，这与杜威的观点意蕴相近。

综上所述，探究理论是杜威科学哲学的逻辑起点，而其中蕴含的问题观具有明显的科学实践哲学意蕴。科学问题是特殊情境的产物，没有特定的情境所引起的疑难，则不会产生科学问题与科学行为。杜威探究理论所折射的问题导向的科学观，其实质与劳斯科学实践哲学的"实践优位"主张的意蕴一致。笔者认为，从某种意义上说，杜威是科学实践哲学的先行者。杜威科学观的科学实践哲学意义，进而实用主义与科学实践哲学的关系，将是笔者进一步探究的方向。

---

① BROWN M J. John Dewey's logic of science［J］. HOPOS：The Journal of the International Society for the History of Philosophy of Science，2012，2（2）：274.
② QUINE W V. Ontological relativity and other essays［M］. New York：Columbia University Press，1969：75.
③ 劳斯. 知识与权力：走向科学的政治哲学［M］. 盛晓明，邱慧，孟强，译. 北京：北京大学出版社，2004：152.

第三节 科学问题的评价与价值关联

本节依然以杜威探究理论为例探讨问题的价值评价与生成。

一、 问题的实践性、情境性与价值关联

以"问题"观为视角重读杜威，会发现杜威科学观具有重要的问题学启示与价值。杜威科学观的根基是实践主义，按照杜威的主张，科学问题是实践中特殊情境的产物，探究的任务不是"解决问题"，而是使问题更清晰和明确；理解科学的价值关键是理解价值的生成。杜威科学观对问题学的启示是：科学问题的生成具有地方性特质，情境和实践判断决定了科学问题最初的提出方式及解答方向。问题的表达方式具有重要意义，恰当地表述问题是有效解决问题的必要条件；价值不是我们对既成标准的被动接受，科学问题的价值负载表现为，问题的表述和解答均受文化塑型（shape）与价值观的影响。

杜威科学观的根基是实践主义，这与杜威哲学的知识论定位一致，"以杜威为代表的古典实用主义，又可称作实践主义"。实践主义的基本主张是行先于知，即我们首先是实践者，实践先于知识。"除非某个环节出了问题，否则我不会对世界持一种知识的态度。知识一定产生于问题，产生于行动的断裂"[①]。本

---

① 陈亚军认为，杜威、后期维特根斯坦、海德格尔在知识论方面都属于实践主义范畴，包括波兰尼的默会知识，尽管他们使用了不同的名称。参见陈亚军. 知行之辨：实用主义内部理性主义与实践主义的分歧与互补［J］. 中国高校社会科学，2014（5）：35–50.

书基于这种实践主义的视阈研究杜威的科学观①，从而探析其对于问题学/问题观领域的启示。

杜威主张，探究的发生来自情境，并被情境所引导。杜威认为，情境是一个浸润着经验的世界，情境是一个整体（the whole）。杜威认为应该通过"上下文情境"（contextual situations）保护"联结和连续性"（connection and continuity）在经验世界中的展现，而任何一般化（generalization）只能提供"有限的情境"（limiting conditions）②。

杜威强调情境的整体性和经验的内在关联性，他拒斥那种认为经验包含着绝对孤立细节的观点。他主张："在现实的经验中，从来没有任何一个孤立的、单独的物体或事件。任何一个物体或事件，总是一个浸润着（environing）经验的世界的特殊的一个部分、片段或方面——这就是一个情境（situation）。"③所以，一个浸润着经验的世界（an environing experienced world）是理解杜威意义上的"情境"的关键。

总之，杜威认为情境是一个整体，"情境代表了包含大量不同元素的事物存在于很宽泛（wide）的时空领域，但是，它们有自己的独立单元"。

科学问题是特殊情境的产物。如果没有特定的情境所引起

---

① 尽管国内学界对杜威绝大部分学术成就的评述集中在教育学或伦理学等领域，然而"在20世纪的前30年，科学哲学大概是杜威声誉中最重要的方面"，正如当代美国哲学家、著名的杜威研究者马修·布朗所言，"杜威的职业生涯不仅起步于一个哲学家，而且起步于一个对方法论感兴趣的执业科学家（practicing scientist）"。参见 BROWN M J. John Dewey's logic of science [J]. HOPOS: The Journal of the International Society for the History of Philosophy of Science, 2012 (2): 258-306.

② DEWEY J. Context and thought. LW. Vol. 6, 1925—1953: 1931-1932 [C]. Carbondale and Edwardsville: Southern Illinois University Press, 1985: 7-8.

③ DEWEY J. Logic: The theory of inquiry. LW. Vol. 12, 1925—1953: 1938 [C]. Carbondale and Edwardsville: Southern Illinois University Press, 1986: 72.

的疑难，则不会产生科学问题与科学行为。同时，价值的来源也在情境，正如杜威所说，"'界定'价值的唯一方法是'指'存在情境，只有在存在情境中才能发现具体的性质"①。

二、 杜威的问题观

理解杜威科学哲学观的关键就是理解他的探究理论。而探究理论本身蕴含了杜威独特的问题观。

学界对杜威探究理论实质的讨论存在争议，按照杜威的观点，"最基本的探究概念，是对一个不确定情境的测定/确定"（determination of an indeterminate situation）②，杜威本人对探究的定义是，"探究是一种受控制和指导的转换，这种转换把一种模糊不清的情境转变为一种在其组分的区别与联系上非常确定而清晰的情境，以至于把原始情境的成分转化为一个统一整体（a unified whole）"③。据此，我们认为杜威的探究指的是具体实践中的过程，这个过程试图将一个不确定的或困惑的情境转变为一个清晰的状态。

就科学观而言，不同于汉森的"科学始于观察"，也不同于波普尔的"科学研究始于问题"，杜威认为，科学研究的起源不是"问题"，而是困惑（perplexity），或者说是困境意识。探究的前提是有思想上的困惑存在，探究的结果是形成一个判断。所以探究的过程实际上是一个发现问题或者说是力图准确地表述问题的过程，而并不是追求一个确定的问题答案的过程。

---

① 杜威．评价理论［M］．冯平，译．上海：上海译文出版社，2007：143.

② DEWEY J. Logic：The theory of inquiry. LW. Vol. 12，1925—1953：1938［C］．Carbondale and Edwardsville：Southern Illinois University Press，1986：3.

③ DEWEY J. Logic：The theory of inquiry. LW. Vol. 12，1925—1953：1938［C］．Carbondale and Edwardsville：Southern Illinois University Press，1986：108.

杜威的科学观蕴含了独特的问题观，这种问题观深受"行先于知"的实践主义影响。杜威始终将探究的过程、情境、行动的目的与对"问题"的理解联系在一起。将"问题"的生成与"困惑"的解除联系在一起，他认为："所谓知识或者认知对象，都意味着有一个要去被加以解答的问题，被加以处理的困难，需要被澄清的困惑，需要被融贯的矛盾，以及需要被控制的疑难。"① 在知行问题上，杜威认为行先于知，实践先于知识，问题的探究实践先于知识的产生。"当人们的探究所得出的结论解决了引发人们进行探究的问题时，知识便产生了"②。

就这一点而言，杜威的问题观以及其科学观，具有很鲜明的科学实践哲学意蕴。以约瑟夫·劳斯为代表的科学观实践哲学③主张从实践的、介入性的、情境性的角度理解科学。

整体来说，杜威科学观是实践视阈下问题导向的，他非常强调情境对科学探究活动的影响。按照杜威的科学观，行动者（human agent）与情境的互动过程是科学问题产生和逐渐明确的过程。因而，理解情境是什么，是理解杜威科学观，进而理解其问题观的先决条件。

---

① DEWEY J. The quest for certainty: a study of the relation of knowledge and action. LW. Vol. 4，1925—1953：1929［C］. Carbondale and Edwardsville：Southern Illinois University Press，1984：181.

② DEWEY J. The quest for certainty: a study of the relation of knowledge and action. LW. Vol. 4，1925—1953：1929［C］. Carbondale and Edwardsville：Southern Illinois University Press，1984：158.

③ 美国当代著名科学哲学家约瑟夫·劳斯的两本代表作《知识与权力》（英文本 1987 年版，中文译本 2004 年版），《涉入科学》（英文本 1996 年版，中文译本 2010 年版）的核心主张均是从实践的角度重新理解科学哲学，从而掀起了科学哲学实践转向的运动。这种"实践优位"的科学观的核心观点就是主张科学的本质是实践性、介入性、地方性（情境性）的。

三、 问题的评价渗透价值生成

与很多认为科学不具备道德蕴含（如培根等的价值中立者）的观点不同①，杜威明确认为科学是负载价值的。杜威坚决反对那种认为科学是价值无涉（value-free）的观点、坚决反对那种认为价值是脱离情境性和描述性探究的理论。

1. 科学的价值，关键是价值的生成

杜威认为，科学内在地具有一种道德与价值特质，"科学和技术都不是非人格的宇宙力量。它们只能在人类欲望、预见、目的和努力的媒介中起着作用"②。

价值是一个含义很广的概念。我们努力从杜威的视角去把握它。杜威对价值的界定是，"我认为，就价值问题而言，唯一容易明白易懂地进行讨论的就是关于存在的问题，即价值是怎样产生的问题。也就是说，事物是怎样拥有了价值性质的问题"③。杜威强调研究价值的意义，在于研究价值的发生。

杜威认为，如果我们在科学领域内谈论价值，我们所说的肯定不是价值本身是什么，而是价值之产生所依赖的条件及结果是什么。众所周知，杜威立志对哲学进行改造，并且一直都在这样做。杜威认为，由于混淆了价值的因果关系及其直接性质之间的区别，传统哲学企图为价值本身建构一套既定标准的做法是错误的。

杜威在探讨科学及科学问题的价值时，他探讨的重点不是价值本身，而是价值的生成过程。杜威认为，"价值"本身并不

---

① 韦伯认为科学本质上是价值无涉的。科学是价值无涉的这一观点，在哲学上的表述来自休谟。

② 杜威：人的问题［M］. 傅统先，邱椿，译，上海：上海人民出版社，2006：19.

③ 杜威. 评价理论［M］. 冯平，余泽娜，等译. 上海：上海译文出版社，2007：142.

是价值理论或哲学所讨论的对象，价值是事物所具有的一种直接的"内在性质"。"而事实上价值理论的核心就是对价值生成问题的探讨，而不是对价值本体的限定。由此杜威抛弃了形而上学的那种学究式的研究方式，不是从'是什么'的角度，而是从'如何是'的角度入手来阐释价值问题"①。

2. 科学问题的"地方性"导致价值的具体性

如前所述，杜威的哲学观是实践主义的，其科学观，进而问题观也是从实践和具体情境出发的。这一点与传统科学观有很大的区别。在传统科学观中人们通常认为，科学提供的是确定性命题和普遍性规则。杜威认为这种观点忽视了科学命题和规则在起源、应用及验证上的特殊性。这种特殊性的实质就是具体的情境性，用劳斯科学实践哲学的观点说，就是"地方性"②。杜威认为，那种认为科学提供的是确定性命题和普遍法则的观点，屏蔽了科学判断在特殊境遇中的情形以及它与特殊事件之间的关系与关联。科学法则与科学判断并不是决然客观的铁律，科学判断往往是在具体的、特殊的情境以及与其他事物甚至情感的关联中产生的。

这里，杜威一方面认为科学问题的起源、应用及验证都具有情境性、地方性；另一方面，正是这种情境性与地方性特征，蕴含了各自独立的价值的生成。"真正的问题并不是科学采取了普遍性形式的陈述，还是与条件相联系的公式，而是它是怎么达到这样的，以及当这些普遍性陈述被确证之后，它用它们做了什么"③。因此，科学问题与科学判断的提出，是伴随价值的生成而进行的。

---

① 高来源. 科学向价值领域的跨越：实践超越的可能：以杜威实践哲学的基点对科学与价值关系的分析 [J]. 哲学动态，2011（7）：45.
② 劳斯认为知识的本性是地方性，这种地方性产生的根源在于包括自然科学在内的所有知识的是在具体的情境中产生的，如科学实验室等。参见劳斯《知识与权力》，北京大学出版社，2004.
③ DEWEY J. Logical conditions of a scientific treatment of morality [J]. Decennial publications of the University of Chicago，1903，3：119.

鉴于对实践及情境对探究及科学问题的深入影响，杜威认为，价值不是我们对某种既成事物或既成标准的被动接受，我们必须关注价值生成的理智性和实践性因素。

关于理智性因素。杜威认为，价值的判定，是判断的行为主体与被判断物在特定情境中二者之间的互动关系上进行的。只有经过了理智对科学探究本身的产生以及由此引起的结果进行一种审慎地考察之后，价值才能最后确定。那种不经过理智的思考和选择的接受不能成为价值。理智性要素主要来自探究者个人的学术基础、学术判断，以及个人价值观。关于经验对象的条件与结果的判断就是对于我们的想望、情感和享受的形成应该起着调节作用的判断。

关于实践性要素。在杜威的整个哲学思想体系中，非常强调实践及其意义。他认为实践境遇、实践手段、实践目的等都是影响价值生成的要素，同时也是价值生成的必要渠道。我们认为，实践性因素包括实践活动本身、实践判断、情境对实践的影响，文化对问题的塑造等。

第四节　文化塑型与实践判断对价值生成的影响

一、价值生成受文化与实践的制约

科学探究是一项实践，也是一个文化塑型的过程。每一种实践必然无法离开其所处的文化环境而独立存在。杜威认为，科学是"受社会制约的"（socially conditioned）[①]，探究是一项

---

① DEWEY J. Logic：The theory of inquiry. LW. Vol. 12，1925—1953：1938 [C] . Carbondale and Edwardsville：Southern Illinois University Press，1986：27.

"受社会制约的"实践活动。探究必须从探究者所认为的当代文化中有象征意义的资源和实践开始，探究的过程承载着相应的"文化后果"（cultural consequences）①。"每一个探究都出自某种特定的文化背景，并且探究过程本身又都会对其所出自的情境造成或大或小的改变（modification）"②。因此，探究的过程是一个"文化塑型"和价值生成的过程。价值往往在实践判断中产生。

杜威批判"价值可从外部赋予"以及"价值是固定不变"的观点。

实践判断（judgments of practice）与常规的事实判断不同，后者往往是从外部赋予事物价值，而实践判断则不是。杜威认为价值不能从外部赋予，只能从探究的实践中得到重塑（reshape）。因此，在杜威科学观中，问题、情境、探究、价值几者是相互纠缠渗透的，其关系形成一个非线性的复杂网络，从某种意义上讲，几者互为因果、互相影响。

尽管实践判断依靠对目前情形的充分评估，但是它们完全以结果为基础被判断。如果新的行动成功了，它导致了一个没有疑问的（unproblematic）行为结果，那么当初的这个判断就是正确的③。

杜威认为实践判断是逻辑形式的基础。所有描述性和科学的判断都要求评估，这里评估不是被理解为对先行价值（antecedent values）的应用，而是作为对那些有价值的事情的反射判断（reflective judgment）。这不是一种 prizing，而是一个

---

①　DEWEY J. Logic：The theory of inquiry. LW. Vol. 12，1925—1953：1938 [C].Carbondale and Edwardsville：Southern Illinois University Press，1986：27.

②　DEWEY J. Logic：The theory of inquiry. LW. Vol. 12，1925—1953：1938 [C].Carbondale and Edwardsville：Southern Illinois University Press，1986：27.

③　BROWN M J. John Dewey's logic of science［J］.HOPOS：The Journal of the International Society for the History of Philosophy of Science，2012，2（2）：299.

appraisal。"甚至在事实和假设之间的相符性判断（judgments of fit）也是一种评估（evaluation）[①]"。

另外，数据选择也是一个充满价值选择的过程。数据选择是一个活跃的评估的过程。探究者必须决定哪些仪器和技术可以使用，哪些观察操作可以展示，选择哪些数据能作为相关性数据，以及应该设定哪些界值和控制哪些错误。所有的探究都需要实验，这是实践操作的基础[②]。在选择的过程中，很多时候愿望难以两全，会因为调整目标而让价值发生变化。价值冲突是指假设和事实之间价值的不一致性。当价值冲突的时候要重新评估选择，这种评估将带着一种使得相互冲突的价值变得统一（integrate）的目标。

实践判断具有未来导向的特质，这种未来导向对价值生成有着重要影响。杜威认为，价值并不只是一种简单的接受或认可，而更多的是一种批判、评估与探究，是对手段与结果之间统一性关系的一种勘定和处理。"换句话说，价值并不是在给定的价值标准之下的一种直接的占有，而是一种反思性的实践结果"[③]。实践判断是关于探究者要做什么的关键性判断；当行动的过程不明显、令人困惑或模糊不清的时候，实践判断就非常必要。"非常关键的是，实践判断包括评估、意义和结果，可能的行为过程及其结果。实践判断是未来导向的"[④]。

在此意义上，布朗认为，"文化利益与价值观将塑造（shape）

① DEWEY J. Logic：The theory of inquiry. LW. Vol. 12，1925—1953：1938 [C]. Carbondale and Edwardsville：Southern Illinois University Press，1986：300.

② BROWN M J. John Dewey's logic of science ［J］. HOPOS：The Journal of the International Society for the History of Philosophy of Science，2012，2（2）：258-306.

③ 高来源. 科学向价值领域的跨越：实践超越的可能：以杜威实践哲学的基点对科学与价值关系的分析 ［J］. 哲学动态，2011（7）：45-51.

④ BROWN M J. John Dewey's logic of science ［J］. HOPOS：The Journal of the International Society for the History of Philosophy of Science，2012，2（2）：299.

问题的表达形式和解答标准"①。这是因为所有的探究活动必须把有问题的、不确定的情境转化为一个统一的情境，这需要对环境进行了积极的修正，所有的判断都是实践判断，用Welchman的话说，"我们努力去理解这个世界的主要目的不是为了去描述而是为了去管理这个世界"②。这里所谓的"管理这个世界"并不是说完全按人的主观意见去改造世界，而是指通过对情境进行适度修正，以便于使困惑的情境变得明朗，使真正的问题得以呈现。

总之，依据杜威的科学观，我们认为，科学探究事实上是一种操作行为，用来处理或解决疑难境遇，使一个充满困惑的情境逐渐变成一个明朗的情境。这种探究是实践性的、渗透和介入情境的一种有方向性的活动。行动者、情境以及其中的问题都处于变动之中。同时，情境的变化会引起价值生成条件的变动。价值评判主体与被评判对象物之间并不仅仅是一种静态的认可，更是一种实践行为的通达。当我们通过某种理念或知识去了解某事物或事件时，此过程既包含认知，也包含验证、改造以及达到和实现价值的过程。杜威把这种动态的关系归结为"现实和可能"的关系。"现实"由给定的条件构成；"可能"意味着一种现在尚不存在但可通过对现实的应用而使其存在的目的或后果。

二、 杜威科学观的问题学启示

依据杜威的科学观，情境、经验、问题、价值及其生成的

---

① BROWN M J. John Dewey's logic of science [J]. HOPOS: The Journal of the International Society for the History of Philosophy of Science, 2012, 2 (2): 27.

② WELCHMAN J. The logic and judgments of practice [M] //BURKE F T, HESTER D M, TALISSE R B. Dewey's logical theory: New studies and interpretations. Nashville: Vanderbilt University Press, 2002: 39.

关系值得重视。

综上所述，笔者认为，杜威科学观对问题学具有如下启示：

首先，情境是科学问题产生的土壤，科学问题是特殊情境的产物。问题的生成与困惑的解除联系在一起。而困惑是具体情境性下的困难意识。因此，杜威对情境概念的界定，对于问题观而言具有重要意义，因为科学问题总是在具体情境下产生的。情境是一个浸润着经验的、内在统一的整体，其中包括了真实的客体、事件、行动者、经历、体验、情感等等，情境是这些要素的质的统一体。情境之于问题的重要性在于，提问方式及问题的指向均来自情境。

其次，科学问题的生成本质上是"地方性"的。这里"地方性"特指问题的产生所具有的实践性、情境性和介入性。特别是每一个情境自身所具有的复杂结构（包括焦点、前景、背景、视野等）使得在其中所产生的问题具有强烈的地方性特质。笔者认为，事实上，杜威科学观显示出明显的科学实践哲学的意蕴。科学实践哲学主张实践的、介入性的、情境性的科学观，这些特征同样适用于科学问题及问题观。笔者认为，从某种意义上讲，杜威是科学实践哲学转向的先行者，而这一定位，对于杜威的科学观，特别是以其科学观为背景的杜威的问题观，对于问题哲学而言意义重大。

再次，问题的呈现是问题研究的关键。探究的任务不是解决问题，而是使"问题"（question）呈现，问题的呈现伴随着价值的生成。一方面，问题的表述直接影响其解决，一个问题被表述得越合适、越恰当（完美）就接近于它被彻底地解决（entirely solved）。探究的全过程，始终是围绕问题的挖掘与呈现而进行。"在探究中，事实最重要的功能，是决定问题是什么"①。问题的表述（或呈现）是探究的重要任务。情境决定了所要提出的问题以及对它的解释。

最后，科学问题具有价值负载，问题的最终解答一定程度上依赖文化利益与价值观。文化利益与价值观将塑造问题的表达形式和解答标准，使问题具有情感关涉和价值负载。科学问题的价值评判主体与被评判的科学问题之间并不仅仅是一种静态的认可，更是一种实践行为的通达。科学内在地具有一种道德和价值特质，事实上，每当我们对一个科学现象背后的原因或实验结果做出预测时，我们所提出的命题本身已经包含了我们对于其产生的条件、结果的猜测或预判，这就使命题包含了价值的判定。而且这种判定是指向结果的、面向未来的。

总之，杜威在科学哲学方面还有很多值得研究的理论。科学逻辑是杜威科学哲学的核心议题，也是最具技术性的，对于理解杜威的其他哲学思想亦非常重要。但目前学界关于其的介绍与研究尚极为有限。杜威在科学哲学方面的论题还有，如自然法则及因果性，道德判断的本性与地位，价值观在科学中的地位等。

三、 问题的价值判断能力与科学发展能力

通过对科学问题生成进化的自然特征以及在实践中的文化特征的研究，特别是通过对科学问题的价值评价的研究，笔者意识到，对于科学问题，除了考虑事后的价值评价，还应考虑事前的价值判断。这是科研主体（个体科学家、科学共同体以

① BROWN M J. John Dewey's Logic of Science [J]. HOPOS: The Journal of the International Society for the History of Philosophy of Science，2012，2（2）：287.

及科研管理层面）应具备的一种更高、多主体协同治理的能力。

价值判断能力影响科学发展能力。布朗认为，"事实上，如果没有能力做价值方面的好的判断，将会严重削弱做好的科学的能力"①。在科学问题的探究过程中，没有哪个阶段价值是不起作用的，而且价值也不是固定不变的。"正如在科学探究的过程中没有假定事实或概念体系是一成不变的，价值观或价值评判也是如此：在探究中没有众动而不动者（unmoved mover）"②。在科学探究中，价值和价值判断都是随情境和实践的变化而变化的。在变化的实践和变动的问题探究中，价值变化及价值判断的能力影响着科学发展的能力。

同时，对于科学发展及科学问题的解决而言，我们最初的价值观会在很大程度上影响我们所坚持的探究及其产生的结果。作出价值预设和价值判断的主体是行动者，行动者与情境的不断相互作用，持续影响着价值的生成与问题的解决。如杜威所言，"任何认知结论的价值都取决于用以获取它的方法"③。在复杂性视阈下，科学与价值之间存在着非线性的相互影响。一方面探究者的判断等主观意识赋予了科学探究以不同的价值；另一方面，我们也相信，科学发展的能力可以更普遍地影响价值。

科学无法为特定的问题提供确定不移的答案。科学的价值内驱影响着对科学问题的解决。"作为一项实践，科学具有一种特定的规范结构，它受价值所支配，帮助科学家确定他们应该如何进行探究，他们可能把什么作为证据，以及他们有权在特

---

① BROWN M J. John Dewey's Logic of Science［J］. HOPOS：The Journal of the International Society for the History of Philosophy of Science，2012，2（2）：301.

② BROWN M J. John Dewey's Logic of Science［J］. HOPOS：The Journal of the International Society for the History of Philosophy of Science，2012，2（2）：301.

③ DEWEY J. The quest for certainty：a study of the relation of knowledge and action. LW. Vol. 4，1925—1953：1929［C］. Carbondale and Edwardsville：Southern Illinois University Press，1986：160.

定情况下相信什么"①。所以诚如杜威所指出的，价值评判并不是为了批判而批判，更重要的在于"为了建立和维持更为持久和更为广泛的价值"②。这提醒我们必须在具体实践中研究科学问题；同时须认识到，文化塑型与实践判断进一步影响价值的生成、影响科学发展能力。科学的价值内驱影响着对科学问题的解决，而科学发展的能力也必然更普遍地影响价值。

关于对科学问题的事前价值判断与科学发展能力的关系以及"后科学时代"科学问题的生成演化与多主体协同社会治理之间的关系，将是笔者后续研究的方向，抑或将对建构科学问题学范式起到有益补充。

---

① WELCHMAN J. The logic and judgments of practice [M] //BURKE F T, HESTER D M, TALISSE R B. Dewey's logical theory: new studies and interpretations. Nashville: Vanderbilt University Press, 2002: 27 – 42.

② DEWEY J. Experience and Nature [M]. London: George Allen & Unwin Ltd., 1929: 403.

结　语

在实践哲学视阈下研究科学问题具有重要的实践价值与学术意义。传统科学哲学长期忽视了从问题哲学视角对科学进步的研究。当代科学哲学从对问题研究的"沉寂"状态正在走向以"问题"为导向的科学哲学。这将是科学哲学研究的新转向。

笔者非常愿意在此整理一下本书的主要结论性观点：

首先，问题是科学研究的起点，对科学进步具有动力学意义。科学问题的生成与解决推进着科学进步的历程。对科学进行实践研究是科学问题获得合法性辩护的必要条件。传统科学哲学往往局限于在数理逻辑的框架内探讨科学问题，本研究认为对科学问题的生成、进化以及传播的分析，必须结合实践研究与文化研究，这是问题生成与传播的基本空间背景。

从某种意义上说，一部科学史就是一部问题系统的生长史。本书在科学哲学思想史视阈下厘析了科学问观的流变进路，为科学哲学史的研究提供了新的维度和视角。另外，就科学问题自身而言，问题系统的生长形态呈现出非线性的、层次不断跃迁的超循环特征。问题系统的进化过程充满分岔、机遇与选择，这些变化为科学史的自组织演化提供可能。问题生成的起点往往始于随机事件，但问题系统走向暂时的、相对的稳定是科学进步的必要条件。问题系统以超循环式的自组织进化推动科学的进步和科学知识的增长。

其次，科学问题本质上是地方性的，科学问题的生成往往结合着科学实践环境与文化背景。问题总是在特殊情境、特殊时间、特殊空间（特定的研究情境、特定的实验室）以及特定的文化环境中产生。问题从生成到推广，从特殊化到标准化，须经历一个转译的过程。因而科学问题的本质是地方性的。

另外，本书从传统科学观对仪器认识论的忽视入手，分析了仪器认识论的变迁，认为仪器是我们从实践视角研究科学问题的情境性与地方性的重要补充。这一点也是长期被传统科学观所忽视的部分。

进一步，将科学问题放归科学史的大背景下，可见科学问题亦具有空间性特质。本书在建构论视阈下厘析了 SSK 的知识观变迁，揭示了异质性空间因素对于知识生产和问题生成的重要意义。科学问题与科学知识是在具体的地方性空间情境中构造的，并非抽象的。科学知识生产的空间异质性、索引性、境况偶然性和机会主义等特征，既揭示了科学知识的生产具有多维的空间特质，又揭示了空间对于知识生产而言，不再是常量，而是变量；空间不再是行动的背景，而是必不可少的生产性要素。探究知识的空间性，有利于对科学知识生产的空间条件的研究和对科学史空间叙事的研究，从而打破传统的仅以时间为序进行科学史编史的思路，增加空间维度对科学知识的生产、对科学史书写的影响之思考。

再次，本书通过对杜威探究理论的分析，探讨了科学问题的价值蕴含与情境关涉。杜威对科学哲学的贡献并未得到学界的重视，本书通过厘析杜威科学哲学观，提出其科学观中的探究理论对问题观以及对科学实践哲学的重要价值。本书从文化塑型与实践判断的角度探究了科学及科学问题之价值的生成过程。经此研究，笔者认为，杜威是科学实践哲学的先行者，这也是本书的创新点之一。

最后,科学问题本身蕴含价值判断。价值判断能力影响科学发展能力,文化塑型与实践判断进一步影响价值的生成和科学发展能力。科学的价值内驱影响着对科学问题的解决,而科学发展的能力也必然更普遍地影响价值。

通过对科学哲学新转向的探讨无疑使我们对科学哲学自身发展的逻辑有更加深刻的认识。问题导向将为科学哲学研究开启新的篇章,这是一个极其丰富的研究宝藏。因此,在不同学科、多种视角下对"问题"开展进一步研究,应是未来科学哲学研究的重要方向。

综上所述,针对目前科学哲学研究的困境,学界正在推动理论导向向问题导向的转向,我们认为建立实践视阈下问题学导向的科学哲学研究范式迫在眉睫。一部科学史就是一部科学问题的发展与进化史;而一部完整的科学哲学史,也注定无法脱离对科学问题本身的研究。本书从纵向科学问题的生成进化与横向科学问题的文化特质两个角度对科学问题进行了多层面的研究,以期对科学问题学做出必要的补充,也期待切实推进问题导向的科学实践哲学的研究。

参考文献

（一）中文专著

［1］诺尔-赛蒂纳．知识的制造：建构主义与科学的与境性［M］．王善博，等译．北京：东方出版社，2001．

［2］布莱尔，麦克纳玛拉．宇宙之海的涟漪：引力波探测［M］．王月瑞，译．南昌：江西教育出版社，1999．

［3］艾根，舒斯特尔．超循环论［M］．曾国屏，沈小峰，译．上海：上海译文出版社，1990．

［4］恩格斯．自然辩证法［M］．中共中央马克思恩格斯列宁斯大林著作编译局，译．北京：人民出版社，2015．

［5］拉卡托斯．科学研究纲领方法论［M］．兰征，译．上海：上海译文出版社，2016．

［6］拉卡托斯．数学、科学和认识论：哲学论文第 2 卷［M］．林夏水，范迪群，范建年，等译．北京：商务印书馆，1993．

［7］拉图尔，张伯霖．实验室生活：科学事实的建构过程［M］．张伯霖，刁小英，译．北京：东方出版社，2004．

［8］拉图尔．科学在行动：怎样在社会中跟随科学家和工程师［M］．刘文旋，郑开，译．北京：东方出版社，2005．

[9]福柯．规训与惩罚：监狱的诞生［M］．刘北成，杨远婴，译．北京：生活·读书·新知三联书店，1999．

[10]包亚明．权力的眼睛：福柯访谈录［M］．严锋，译．上海：上海人民出版社，1997．

[11]柯瓦雷．从封闭世界到无限宇宙［M］．张卜天，译．北京：商务印书馆，2016．

[12]柯瓦雷．牛顿研究［M］．张卜天，译．北京：北京大学出版社，2003．

[13]拉德．科学实验哲学［M］．吴彤，何华青，崔波，译．北京：科学出版社，2015．

[14]哥白尼．天球运行论［M］．张卜天，译．北京：商务印书馆，2016．

[15]哈金．表征与干预：自然科学哲学主题导论［M］．王巍，孟强，译．北京：科学出版社，2011．

[16]爱因斯坦，英费尔德．物理学的进化［M］．周肇威，译．上海：上海科学技术出版社，1962．

[17]皮克林．实践的冲撞：时间、力量与科学［M］．邢冬梅，译．南京：南京大学出版社，2004．

[18]贝尔德．器物知识：一种科学仪器哲学［M］．安维复，崔璐，译．桂林：广西师范大学出版社，2020．

[19]戴森．太阳、基因组与互联网：科学革命的工具［M］．覃方明，译．北京：生活·读书·新知三联书店，2000．

[20]索恩．黑洞与时间弯曲［M］．李泳，译．2版．长沙：湖南科学技术出版社，2007．

[21]劳丹．进步及其问题［M］．刘新民，译．北京：华夏出版社，1990．

[22]卡尔纳普．世界的逻辑构造［M］．陈启伟，译．上海：上海译文出版社，2008．

［23］卡尼格尔．师从天才：一个科学王朝的崛起［M］．江载芬，闫鲜宁，张新颖，译．上海：上海科技教育出版社，2001．

［24］夏平，谢弗．利维坦与空气泵：霍布斯、玻意耳与实验生活［M］．蔡佩君，译．上海：上海人民出版社，2008．

［25］夏平．科学革命：批判性的综合［M］．徐国强，袁江洋，孙小淳，译．上海：上海科技教育出版社，2004．

［26］库恩．必要的张力：科学的传统和变革论文选［M］．范岱年，纪树立，等译．北京：北京大学出版社，2004．

［27］库恩．哥白尼革命：西方思想发展中的行星天文学［M］．吴国盛，等译．北京：北京大学出版社，2003．

［28］库恩．科学革命的结构［M］．金吾伦，胡新和，译．北京：北京大学出版社，2003．

［29］普特南．理性、真理与历史［M］．李小兵，杨莘，译．沈阳：辽宁教育出版社，1986．

［30］普特南．事实与价值二分法的崩溃［M］．应奇，译．北京：东方出版社，2006．

［31］杜威．评价理论［M］．冯平，余泽娜，等译．上海：上海译文出版社，2007．

［32］杜威．确定性的寻求：关于知行关系的研究［M］．傅统先，译．上海：上海人民出版社，2005．

［33］杜威．人的问题［M］．傅统先，邱椿，译．上海：上海人民出版社，2006．

［34］杜威．我们如何思维［M］．伍中友，译．北京：新华出版社，2010．

［35］杜威．哲学的改造［M］．许崇清，译．北京：商务印书馆，1997．

［36］劳斯．知识与权力：走向科学的政治哲学［M］．盛晓明，邱慧，孟强，译．北京：北京大学出版社，2004．

［37］布鲁尔．知识和社会意象［M］．艾彦，译．北京：东方出版社，2001．

［38］利文斯通．科学知识的地理［M］．孟锴，译．北京：商务印书馆，2017．

［39］波普尔．猜想与反驳：科学知识的增长［M］．傅季重，纪树立，周昌忠，等译．上海：上海译文出版社，1986．

［40］切克兰德．系统论的思想与实践［M］．左晓斯，史然，译．北京：华夏出版社，1990．

［41］波珀．科学发现的逻辑［M］．查汝强，邱仁宗，译．北京：科学出版社，1986．

［42］纪树立．科学知识进化论：波普尔科学哲学选集［M］．北京：生活·读书·新知三联书店，1987．

［43］波普尔．客观知识：一个进化论的研究［M］．舒炜光，等译．上海：上海译文出版社，2015．

［44］波普尔．走向进化的知识论［M］．李本正，范景中，译．杭州：中国美术学院出版社，2001．

［45］杰克逊．系统思考：适于管理者的创造性整体论［M］．高飞，李萌，译．北京：中国人民大学出版社，2005．

［46］牛顿．自然哲学的数学原理［M］．赵振江，译．北京：商务印书馆，2006．

［47］切克兰德．系统论的思想与实践［M］．左晓斯，史然，译．北京：华夏出版社，1990．

［48］拜纳姆．19世纪医学科学史［M］．曹珍芬，译．上海：复旦大学出版社，2001．

［49］齐曼．真科学：它是什么，它指什么［M］．曾国屏，匡辉，张成岗，译．上海：上海科技教育出版社，2002．

［50］黄小寒．世界视野中的系统哲学［M］．北京：商务印书馆，2006．

［51］李曙华．从系统论到混沌学：信息时代的科学精神与科学教育［M］．桂林：广西师范大学出版社，2002.

［52］林定夷．问题学之探究［M］．广州：中山大学出版社，2016.

［53］林定夷．问题与科学研究：问题学之探究［M］．广州：中山大学出版社，2006.

［54］刘放桐，等．新编现代西方哲学［M］．北京：人民出版社，2000.

［55］刘敏．生成的逻辑：系统科学"整体论"思想研究［M］．北京：中国社会科学出版社，2013.

［56］沈小峰，吴彤，曾国屏．自组织的哲学：一种新的自然观和科学观［M］．北京：中共中央党校出版社，1993.

［57］舒炜光，邱仁宗．当代西方科学哲学述评［M］．2 版．北京：中国人民大学出版社，2007.

［58］孙俊．知识地理学：空间与地方间的叙事转型与重构［M］．北京：科学出版社，2016.

［59］吴广谋，盛昭瀚．系统与系统方法［M］．南京：东南大学出版社，2000.

［60］吴国盛．科学的历程［M］．2 版．北京：北京大学出版社，2002.

［61］吴彤．自组织方法论研究［M］．北京：清华大学出版社，2001.

［62］吴彤，等．复归科学实践：一种科学哲学的新反思［M］．北京：清华大学出版社，2010.

［63］阎康年．卡文迪许实验室：现代科学革命的圣地［M］．保定：河北大学出版社，1999.

［64］张掌然．问题的哲学研究［M］．北京：人民出版社，2005.

（二）中文期刊及学位论文

［65］艾根．关于超循环［J］．自然科学哲学问题，1988
（1）：74－78．

［66］蔡荣根，曹周键，韩文标．并合双星系统的引力波理
论模型［J］．科学通报，2016，61（14）：1525－1535．

［67］蔡仲，郑玮．从"社会建构"到"科学实践"［J］．
科学技术与辩证法，2007（4）：53－55，109，111．

［68］曹志平，文祥．论劳斯的"实践诠释学"科学观［J］．
厦门大学学报（哲学社会科学版），2010（5）：50－57．

［69］陈亚军．知行之辨：实用主义内部理性主义与实践主
义的分歧与互补［J］．中国高校社会科学，2014（5）：34－49，
157－158．

［70］成素梅．普特南的实在论思想［J］．哲学动态，2019
（8）：109－118．

［71］董美珍．女性主义科学观探究［D］．上海：复旦大
学，2004．

［72］范岱年，金吾伦．科学，人，人道主义：记第八届国
际逻辑、方法论和科学哲学大会［J］．自然辩证法通讯，1987，
（6）：72－75．

［73］高来源．科学向价值领域的跨越：实践超越的可能：
以杜威实践哲学为基点对科学与价值关系问题的分析［J］．哲
学动态，2011（7）：45－51．

［74］高来源．论人在经验世界中的超越：杜威实践哲学探
究［D］．哈尔滨：黑龙江大学，2011．

［75］顾速．评关于科学进步的三种主要观点［J］．自然辩
证法通讯，1994（6）：1－9．

［76］郭飞．科学史中的师承关系初探［J］．西华师范大学

学报（哲学社会科学版），2006（4）：42-46.

［77］洪晓楠，赵仕英．百年西方科学哲学研究的主要问题［J］．大连理工大学学报（社会科学版），2001，（1）：1-7.

［78］刘见，王刚，胡一鸣，等．首例引力波探测事件GW150914与引力波天文学［J］．科学通报，2016，61（14）：1502-1524.

［79］柯惟力．世界引力波探测发展［J］．世界科技研究与发展，2003（1）：85-89.

［80］李曙华．当代科学的规范转换：从还原论到生成整体论［J］．哲学研究，2006（11）：89-94.

［81］李征坤．"科学始于问题"辨析与正确回答：对当代西方主要科学哲学家的科学问题观的评析［J］．武汉大学学报（人文科学版），1996（5）：54-58.

［82］梁金美，吴永忠．劳斯的科学文化实践观探析［J］．哲学动态，2011（9）：89-93.

［83］林定夷．怀疑、问题与科学研究［J］．曲阜师院学报（自然科学版），1984（3）：85-92.

［84］林定夷．科学问题的提出与价值评价［J］．求索，1988（4）：62-68.

［85］林定夷．论科学问题［J］．现代哲学，1988（2）：53-57.

［86］刘兵，章梅芳．科学史中"内史"与"外史"划分的消解：从科学知识社会学的立场看［J］．清华大学学报（哲学社会科学版），2006（1）：132-138.

［87］刘冠军．波普的科学问题观探析［J］．曲阜师范大学学报（自然科学版），1998（1）：108-112.

［88］刘海霞．夏平对传统科学观的反思［J］．科学技术与辩证法，2007（2）：50-53，111.

［89］刘海霞．夏平科学编史学思想研究［D］．济南：山东大学，2007．

［90］刘佳男．科学与信仰：普特南的双重面孔［J］．自然辩证法通讯，2016，38（6）：129-134．

［91］刘敏，董华．问题蕴含与情境关涉：杜威探究理论的科学实践哲学意义［J］．自然辩证法研究，2019，35（7）：28-33．

［92］刘敏，夏绍培．身体作为科学实验场所的空间意义与伦理诘难［J］．东南大学学报（哲学社会科学版），2022，24（2）：16-22，146．

［93］刘敏，张瑞芳．建构论视阈下科学知识的空间生产：基于SSK的知识空间性研究［J］．科学技术哲学研究，2021，38（6）：116-121．

［94］刘敏．科学实践哲学视阈下杜威科学观的问题学启示［J］．科学技术哲学研究，2020，37（2）：114-118．

［95］刘敏．科学知识的空间书写与地理叙事：基于科学实践哲学的视角［J］．自然辩证法研究，2021，37（11）：102-108．

［96］刘敏．软系统理论视阈下问题观的认识论转向［J］．东南大学学报（哲学社会科学版），2015，17（5）：53-58，154-155．

［97］刘敏．生成的超越：系统整体论形态嬗变研究［J］．自然辩证法研究，2012，28（8）：102-107．

［98］刘敏．生成论视阈下科学问题的超循环发展模式［J］．系统科学学报，2015，23（1）：24-27，39．

［99］刘敏．系统科学整体性思想的演进机制与路由［J］．东南大学学报（哲学社会科学版），2012，14（2）：23-26，126．

［100］刘鹏．科学哲学：从"社会学转向"到"实践转向"

［J］．哲学动态，2008（2）：83－87．

［101］刘启华．"软"系统方法论述评［J］．自然辩证法研究，1999，15（10）：5－12．

［102］刘文霞．论科学研究中的"科学问题"［J］．北京科技大学学报（社会科学版），2003（1）：60－62．

［103］马雷．从理论导向转向问题导向：国内科学哲学研究新高度［N］．中国社会科学报，2017-06-06．

［104］马雷．论"问题导向"的科学哲学［J］．哲学研究，2017（3）：118－126．

［105］牛芃浩，刘敏．地方性的限度：科学建制化对知识地方性的影响［J］．系统科学学报，2023，31（4）：43－48．

［106］任波，侯鲁川．世界一流科研机构的特点与发展研究：美国国家实验室的发展模式［J］．科技管理研究，2008，28（11）：61－63．

［107］邵艳梅，吴彤．"范式"理论中的"实践—感知"模式：以科学仪器问题为入口［J］．自然辩证法通讯，2019，41（1）：49－54．

［108］邵艳梅，吴彤．实验实在论中的仪器问题［J］．哲学研究，2017（8）：101－107．

［109］盛晓明．从科学的社会研究到科学的文化研究［J］．自然辩证法研究，2003（2）：14－18，47．

［110］盛晓明．地方性知识的构造［J］．哲学研究，2000（12）：36－44，76－77．

［111］石诚．HPS视角下的科学仪器研究［J］．哲学动态，2011（5）：77－84．

［112］石诚．论盖里森的科学仪器史与科学仪器哲学［J］．科学技术哲学研究，2013，30（5）：57－61．

［113］石诚，蔡仲．物质维度下的仪器认识论［J］．哲学

动态，2009（8）：84－89.

[114] 时宏刚. 科学问题观的实践转向研究：以 LIGO 引力波探测问题为例［D］. 南京：东南大学，2020.

[115] 时宏刚，刘敏. 精英科学家师承链系统影响研究：基于 LIGO 实验室传承分析［J］. 系统科学学报，2018，26（1）：119－125.

[116] 孙伟平. 普特南的"事实与价值二分法的崩溃"评析［J］. 山东社会科学，2013（9）：12－16，29.

[117] 陶迎春，汤文隽. 论西方科学哲学中主流学派的问题观［J］. 黄山学院学报，2014，16（2）：18－20.

[118] 田秋丽. 论问题意识在科技创新中的作用［D］. 南京：南京师范大学，2009.

[119] 汪德飞. 地方性知识研究：基于格尔兹阐释人类学和劳斯科学实践哲学的视角［D］. 南京：南京农业大学，2011.

[120] 王哲. 解决问题：劳丹科学进步模式述评［J］. 内蒙古社会科学（汉文版），2003（S1）：85－87.

[121] 吴彤，王云.《自然科学哲学问题丛刊》：1979—1989［J］. 自然辩证法研究，2018，34（3）：2.

[122] 吴彤. 复杂性、生成与文化：简评金吾伦先生的《生成哲学》［J］. 系统科学学报，2018，26（2）：1－5.

[123] 吴彤. 科学实践哲学视野中的科学实践：兼评劳斯等人的科学实践观［J］. 哲学研究，2006（6）：85－91，129.

[124] 吴彤. 科学研究始于机会，还是始于问题或观察［J］. 哲学研究，2007（1）：98－104，128.

[125] 吴彤. 实践与诠释：从科学实践哲学的视角看［J］. 自然辩证法通讯，2019，41（9）：1－6.

[126] 吴彤. 再论两种地方性知识：现代科学与本土自然知识地方性本性的差异［J］. 自然辩证法研究，2014，30（8）：

51 - 57.

［127］吴彤．自我与他者：不同的科学：评吴国盛教授的《什么是科学》［J］．哲学分析，2017，8（2）：4 - 13，195.

［128］吴彤．走向实践优位的科学哲学：科学实践哲学发展述评［J］．哲学研究，2005（5）：86 - 93，128.

［129］幸小勤，马雷．"问题"理论研究及其未来走向［J］．重庆大学学报（社会科学版），2016，22（6）：133 - 138.

［130］幸小勤．"问题"及其构成要素的哲学考察［J］．重庆大学学报（社会科学版），2013，19（2）：141 - 145.

［131］闫旭晖，颜泽贤．切克兰德软系统方法论的诠释主义立场与认识论功能［J］．自然辩证法研究，2012，28（12）：29 - 35.

［132］阎康年．卡文迪许实验室的发展［J］．科学技术与辩证法，1990，7（4）：32 - 35.

［133］杨纵横．从空间到场所：论场所感在城市设计中的体现［D］．重庆：重庆大学，2013.

［134］张华夏．软系统方法论与软科学哲学［J］．系统科学学报，2011，19（1）：9 - 16.

［135］张瑞芳，刘敏．论科学问题的政治品格：基于劳斯的"知识与权力"观［J］．系统科学学报，2021，29（3）：52 - 57.

［136］赵建军．超越"技术理性批判"［J］．哲学研究，2006（5）：107 - 113.

［137］周秋蓉．科学研究始于问题［J］．重庆师范学院学报（自然科学版），1991（2）：43 - 46.

（三）外文文献

［138］BAIRD D. Thing knowledge：a philosophy of scientific instruments［M］．Berkeley：University of California

Press, 2004.

[139] BAUER M W. Making science is global: science culture remains local [J] . Journal of Scientific, 2015, 3 (1 - 2): 44 - 55.

[140] BROWN M J. John Dewey' s logic of science [J] . HOPOS: The Journal of the International Society for the History of Philosophy of Science, 2012, 2 (2): 258 - 306.

[141] CARNAP R. Logical foundations of probability [M] . 2nd ed. Chicago, IL: The University of Chicago Press, 1962.

[142] CHRISTOPHER L, STEVEN S. Science incarnate: historical embodiments of natural knowledge [M] . Chicago: The University of Chicago Press, 1998.

[143] COLLINS H M. II. 3 What is TRASP? : The radical programme as a methodological imperative [J] . Philosophy of the Social Sciences, 1981, 11 (2): 215 - 224.

[144] COLLINS H M. Son of seven sexes: The social destruction of a physical phenomenon [J] . Social Studies of Science, 1981, 11 (1): 33 - 62.

[145] DEWEY J. A situation is a whole in virtue of its immediately pervasive quality. LW. Vol. 12, 1925—1953: 1938 [C] . Carbondale and Edwardsville: Southern Illinois University Press, 1986.

[146] DEWEY J. Context and Thought. LW. Vol. 6, 1925—1953: 1931—1932 [C] . Carbondale and Edwardsville: Southern Illinois University Press, 1985.

[147] DEWEY J. Essays and how we think, revised edition. LW. Vol. 8, 1925—1953: 1933 [C] . Carbondale and Edwardsville: Southern Illinois University Press, 1986.

[148] DEWEY J. Journal articles, book reviews, miscellany in the 1910—1911 period, and how We think. MW. Vol. 6, 1899—1924 [C]. Carbondale and Edwardsville: Southern Illinois University Press, 1978.

[149] DEWEY J. Knowing and the known. LW. Vol. 16, 1925—1953: 1949—1952 [C]. Carbondale and Edwardsville: Southern Illinois University Press, 1984.

[150] DEWEY J. Logical conditions of a scientific treatment of morality [J]. Decennial publications of the University of Chicago, 1903, 3: 115 - 139.

[151] DEWEY J. Logic: The Theory of inquiry. LW. Vol. 12, 1925—1953: 1938 [C]. Carbondale and Edwardsville: Southern Illinois University Press, 1986.

[152] DEWEY J. The quest for certainty: a study of the relation of knowledge and action. LW. Vol. 4, 1925—1953: 1929 [C]. Carbondale and Edwardsville: Southern Illinois University Press, 1984.

[153] DEWEY J. On experience, nature, and freedom: representative selections [M]. New York: Bobbs-Merrill Press, 1960.

[154] D'AMICO R. Discipline and punish: the birth of the prison [J]. Telos, 1978 (36): 169 - 183.

[155] ENGELHARDT H T. The Foundation of Bioethics [M]. New York: Oxford University Press, 1986.

[156] GALISON P. Ten problems in history and philosophy of science [J]. Isis, 2008, 99 (1): 111 - 124.

[157] HACKING I. Artificial phenomena [J]. The British Journal for the History of Science, 1991, 24 (2): 235 - 241.

［158］HACKING I. Representing and intervening: introductory topics in the philosophy of natural science ［M］. Cambridge: Cambridge University Press, 1983.

［159］HALL A D. Three-dimensional morphology of systems engineering ［M］//RAPP F. Contributions to a philosophy of technology. Dordrecht: Springer, 1974: 174-186.

［160］HART R. Beyond science and civilization: a post-needham critique ［J］. East Asian Science, Technology, and Medicine, 1999, 16 (1): 88-114.

［161］HENKE C R, GIERYN T F. Sites of scientific practice: the enduring importance of place ［M］// HACKETT E J, AMSTERDAMSKA O, LYNCH M, et al. The Handbook of Science and Technology Studies. 3rd ed. Cambridge: The MIT Press, 2007.

［162］HON G. The idols of experiment: transcending the "Etc. list" ［M］//RADDER H. The philosophy of scientific experimentation. Pittsburgh: University of Pittsburgh Press, 2003: 174-197.

［163］HOOK S. John Dewey, philosopher of science and freedom: a symposium ［M］. New York: Dial Press, 1950.

［164］HOOKE R, DERHAM W. Philosophical experiments and observations of the late eminent Dr. Robert Hooke, S. R. S. and Geom. Prof. Gresh., and other eminent virtuoso's in his time ［M］. London: W. and J. Innys, 1726.

［165］KARGON R H. Atomism in England from Hariot to Newton ［M］. Oxford: Clarendon P., 1966.

［166］KUUKKANEN J M. The missing narrativist turn in the historiography of science ［J］. History and Theory, 2012,

51 (3): 340 - 363.

[167] LEVIN J. Black hole blues and other songs from outer space [M] . New York: Alfred A. Knopf, 2016.

[168] LATOUR B. Science in action: how to follow scientists and engineers through society [M] . Cambridge, Mass. : Harvard University Press, 1987.

[169] LATOUR B. Laboratory life: the construction of scientific facts [M] . New Jersey: Princeton University Press, 1979.

[170] LAUDAN L. Progress and its problems: toward a theory of scientific growth [M] . Berkeley: University of California Press, 1977.

[171] LEEDY P D, ORMROD J E. Practical research: planning and design [M] . 8th ed. Upper Saddle River, N. J. : Prentice Hall, 2005.

[172] LEEUWEN H G. The problem of certainty in English thought 1630—1690 [M] . Dordrecht: Springer Netherlands, 1963.

[173] LIU M, DONG H. Wise environmental strategies should consider local knowledge [J] . Water, Air, &. Soil Pollution, 2022, 233 (12): 514.

[174] LIU M, Dong H. System science generative holism enlightens global environmental governance [J] . Water, Air, &. Soil Pollution, 2023, 234 (3): 174.

[175] LIVINGSTONE D N. Putting science in its place: geographies of scientific knowledge [M] . Chicago: The University of Chicago Press, 2003.

[176] LIVINGSTONE D N. The spaces of knowledge:

Contributions towards a historical geography of science [J] . Environment and Planning D: Society and Space, 1995, 13 (1): 5 - 34.

[177] LYNCH M. Self-exemplifying revolutions? notes on Kuhn and latour [J] . Social Studies of Science, 2012, 42 (3): 449 - 455.

[178] MOORE J R. History, humanity and evolution: essays for John C. Greene [M] . Cambridge, UK: Cambridge University Press, 1989.

[179] MCMULLIN E. Discussion review: Laudan's progress and its problems [J] . Philosophy of Science, 1979, 46 (4): 623 - 644.

[180] MIROWSKI P. The scientific dimensions of social knowledge and their distant echoes in 20th-century American philosophy of science [J] . Studies in History and Philosophy of Science Part A, 2004, 35 (2): 283 - 326.

[181] NEWTON-SMITH W H. A companion to the philosophy of science [M] . Oxford, UK: Blackwell Publishing, 2001.

[182] NAGEL E .Dewey's theory of natural science [M] //HOOK S. John Dewey, philosopher of science and freedom: a symposium. New York: Dial Press, 1950: 231 - 248.

[183] NAYLOR S. Regionalizing science: placing knowledges in Victorian England [M] . London: Pickering & Chatto, 2010.

[184] NAYLOR S. Introduction: historical geographies of science-places, contexts, cartographies [J] . The British Journal for

the History of Science, 2005, 38 (1): 1 - 12.

[185] NICKLES T. Scientific discovery, logic, and rationality [M]. London: D. Reidel Publishing Company, 1980.

[186] POLANYI M. The logic of liberty; reflections and rejoinders [M]. London: Routledge and Kegan Paul Ltd., 1951.

[187] PUTNAM H. Mind, language and reality [M]. Cambridge, New York: Cambridge University Press, 1975.

[188] PICKERING A. From science as knowledge to science as practice [M] //PICKERING A. Science as practice and culture. Chicago: The University of Chicago Press, 1992: 1 - 28.

[189] POLANYI M. Problem solving [J]. The British Journal for the Philosophy of Science, 1957 (8): 89 - 103.

[190] PORTER T M. Making things quantitative [J]. Science in Context, 1994, 7 (3): 389 - 407.

[191] QUINE W V. Ontological relativity and other essays [M]. New York: Columbia University Press, 1969.

[192] REICHENBACH H. Dewey's theory of science [C] //SCHILPP P A. The philosophy of John Dewey. Evanston. IL: Northwestern University Press, 1939: 159 - 192.

[193] ROUSE J. How scientific practices matter: reclaiming philosophical naturalism [M]. Chicago: The University of Chicago Press, 2002.

[194] ROUSE J. Knowledge and power: toward a political philosophy of science [M]. Ithaca: Cornell University Press, 1987.

[195] ROUSE J. The dynamics of power and knowledge in science [J]. Journal of Philosophy, 1991, 88 (11): 658 - 665.

[196] SHAPIN S. Placing the view from nowhere: historical

and sociological problems in the location of science ［J］．Transactions of the Institute of British Geographers，1998，23 (1)：5 – 12.

［197］SHAPIN S，SCHAFFER S. Leviathan and the Air-Pump：Hobbes，Boyle，and the experimental life ：including a translation of Thomas Hobbes ［M］．Princeton：Princeton University Press，1985.

［198］SHAPIRO B J. Probability and certainty in seventeenth-century England：a study of the relationships between natural science，religion，history，law，and literature ［M］．Princeton，N. J. ：Princeton University Press，1983.

［199］SHILLING C. The body in culture，technology and society ［M］．London：SAGE Publications，2005.

［200］SHTEIR A B. Cultivating women，cultivating science：Flora's daughters and botany in England，1760—1860 ［M］．Baltimore：Johns Hopkins University Press，1996.

［201］TOULMIN S. Human understanding ［M］．Princeton，N. J. ：Princeton University Press，1972.

［202］UEBEL T. Engaging science：How to understand its practices philosophically ［J］．The British Journal for the Philosophy of Science，1998，49 (2)：359 – 364.

［203］WELCHMAN J. Logic and judgments of practice ［M］// BURKE F T ，HESTER D M ，TALISSE R B. Dewey's loical theory：new studies and interpretations. Nashville：Vanderbilt University Press，2002.

［204］WITTGENSTEIN L. On Certainty ［M］．New York：Harper & Row，1972.

后　记

终于完稿，掩卷深思，感慨良多。

首先，感谢国家社科基金立项给予我深入研究问题哲学的鼓励。本书前期的基础框架是在我主持的国家社科基金项目"科学问题的生成与进化机制研究"（项目号：14BZX116）的研究期间完成的。后期关于科学问题的实践及评价研究是在我主持的下一个国家社科基金项目"科学知识的空间叙事研究"（项目号：20BZX035）在研期间完成的。这两个项目的立项本身，坚定了我持续推进本研究的学术信念与勇气。

其次，感谢我的几位同事。关于科学问题学的思考，源自我参加马雷教授组织的问题学小组讨论会，在马老师的引导下，我进入了问题哲学的研究领域。本书的出版，得到江苏省优势学科（哲学）的出版资助，为此，感谢东南大学人文学院院长王珏教授、夏保华教授、卞绍斌教授在我申请出版资助过程中给予的大力支持与帮助。

感谢我带的几位研究生。他们在我组织的定期组会上与我一起讨论了书稿的部分主题。我非常愿意标明他们对本书的贡献：在组会讨论形成共识的基础上，由赵梦寒和严晨欣、刘中扬分别撰写了第一章、第七章的初稿；在LIGO引力波问题上，我引用了我所指导的时宏刚的硕士论文（均已标注）；本书还采用了我与时宏刚、我与张瑞芳合作发表的两篇论文（已标注）。我的学生们都非常上进、好学和可爱。人生路上，有缘与他们同行一段，真是美好！

感谢东南大学出版社。特别感谢杨凡编辑及出版社团队专业细致的工作，在杨编辑的敦促、指导与帮助下，本书才得以以更精致的面貌出现在读者面前。

最后，感谢我的家人。感谢父母和兄妹给予我无私的爱与支持，这是我前行的永恒动力！感谢爱人和两个宝贝，我先生对生活的热爱和豁达时常影响着我，是他的不断鼓励使我有勇气坚持自己的研究；一双儿女是我生活中的主角，他们既分散着我的精力，又为我提供着欢喜。家人的爱疏解了写作过程中的很多压力，家庭的美食烟火气又何尝不是我心头之暖和力量之源！感恩、珍惜！

刘　敏

2023 年 10 月于金陵